photography

谨·以·此·书·献·给·热·爱·摄·影·艺·术·的·人

数码黑白影像技法

概括与抽象

photography

卜新章 著

南京师范大学出版社

图书在版编目(CIP)数据

数码黑白影像技法:概括与抽象 / 卜新章著. —南京:南京师范大学出版社,2006.8
ISBN 978-7-81101-443-3/J·62

Ⅰ.数... Ⅱ.卜... Ⅲ.①黑白摄影 — 摄影技术 — 研究②数字照相机 — 摄影技术 — 研究 Ⅳ.TB8

中国版本图书馆 CIP 数据核字(2006)第 090162 号

书　名	数码黑白影像技法:概括与抽象
作　者	卜新章
责任编辑	健　夫　徐　蕾
出版发行	南京师范大学出版社
地　址	江苏省南京市宁海路 122 号(邮编 210097)
电　话	(025)83598612,83598412,83598312,83598059(传真)
网　址	http://press.njnu.edu.cn
E - mail	nspzbb@njnu.edu.cn
印　刷	丹阳教育印刷厂
开　本	787×960　1/16
印　张	12.5
字　数	279 千
版　次	2007 年 2 月第 1 版　2007 年 2 月第 1 次印刷
印　数	1-3600册
书　号	ISBN 978-7-81101-443-3/J·62
定　价	22.00 元
出版人	闻玉银

目 录

附录四
黑白照片的放大制作 165

1 第一章

黑白摄影的发展

摄影艺术是以黑白的形式诞生的。黑白摄影是抽象的艺术，它将五彩缤纷的彩色世界抽象为黑、白、灰色调，具有宁静的、朴素的、抽象的、简约的美，在黑白灰的画面中蕴藏着无穷的魅力。黑白摄影具有自身独特的艺术语言，是彩色摄影不可替代的摄影艺术形式。

摄影技术的发展过程中，人们不断探索新型黑白感光材料，不断提高黑白感光材料的性能。目前黑白感光材料的性能已经达到了完美的境界，而且随着数码技术的发展，黑白感光材料发生了天翻地覆的变化，电子影像传感器和数字成像技术完全可以替代传统的黑白胶片、黑白相纸和暗房冲洗工艺，数字技术给黑白摄影的发展带来了空前的革命。

第一节 黑白感光材料的发展

一、世界上第一张照片

人们很久以前就注意到光照对一些物体的影响，如人的皮肤经过长时间暴晒之后会变黑，衣服晒时间长了会褪色等，这些现象当时并没有引起人们的注意，更没有与摄影联系起来。直到 17 世纪初才开始这一现象的研究。

1725 年，德国医学教授约翰·海因里希·舒尔茨(J.H.Schulze)将制作粉笔的白粉与硝酸银混合，置于玻璃瓶中。过了一段时间后，他发现玻璃瓶中的混合物被日光照射的一面变成了黑紫色，光线没有照射到的一面仍是白色。后来，他又用挖空字形的纸把玻璃瓶盖住，结果在白粉混合物上出现了清晰的黑字。

1802 年，一位英国陶瓷工人的儿子 T.韦奇伍德(Thomas Wedgwood)将树叶、昆虫的翅膀等放在涂有硝酸银的皮革上，然后将它们放在阳光下暴晒，取下树叶时，在皮革上出现了树叶、昆虫翅膀等的白色轮廓图案。可惜，他当时还无法将显影出来图案固定下来，因此，皮革仍有感光能力，受光后的白色部分也会很快变黑。

法国中部夏龙市的一名石版印刷工人 N.尼埃普斯(Nicephore Niepce，1765—

图 1-1《窗外影色》尼埃普斯 摄 1826年

1833)发明了"日光摄影法"(heliograph)。他将一种"犹地亚白沥青"涂在深色的锡、铅金属合金板上作为感光材料,然后将板放入暗箱进行拍照,曝光后,沥青受光部位会变硬,未受光部分仍然柔软,可以很容易地溶解在熏衣草油溶液中。这样景物中的暗部在合金板上未受光,用熏衣草油洗去后会露出深色的金属板,景物中的亮部使合金板上的沥青受光变硬保留在合金板上呈现为白色,于是,在较暗的金属板上呈现出了与原景物明暗相似的正像。1826 年,他用这种方法,将镜头对准工作室的窗外,经过 8 小时的曝光后,将合金板浸入熏衣草油中冲洗,拍出了世界上第一幅永久保留下来照片。(图 1-1)

二、达盖尔式摄影法

达盖尔,法国的化学家、风景画家。早期的时候,他专门画舞台背景。1822 年,达盖尔在巴黎开设一个"透景画"暗室,放映一些反映世界各地的 46×72 英尺的大型风景画。放映时,观众通过一个小孔,就可以看到暗室内绘制在白纱上丰富多彩的具有真实感的壮观景色。这些景色是他用暗箱在世界各地绘制出来的,暗箱绘画的透视关于光线关系使达盖尔产生了浓厚的兴趣,并导致了后来对摄影术的探索。

据说,有一天,达盖尔在他新画的一幅风景画布上发现两个树影,那是昨天从窗帘一个小孔投射进来的。这个发现使他产生了将暗箱中形成的影像直接记录在画布

图 1-2 L.达盖尔拍摄的静物照片 1837年

上的想法。于是开始了摄影的探索研究，寻求一种具有感光性能的材料，代替画布，在暗箱中记录影像。

1837年，L. 达盖尔成功地拍摄出了一幅照片，那是一幅在自然光下拍摄的静物片，影纹非常清晰，明暗之间的层次也很丰富。这幅作品至今尚存，为"法国摄影学会"所收藏，作品上写有拍摄日期，还有L.达盖尔的亲笔签名（图1–2）。L.达盖尔将他这个方法名为"达盖尔式摄影法"，也称为"银板法"。

在这个方法中，将一块薄的铜板表面镀上银，使镀银表面抛光；将铜板的镀银面朝下放于碘蒸汽中熏，使镀银表面形成具有感光作用的碘化银，时间约是30分钟；将铜板放入暗箱中进行拍摄，曝光时间是15~30分钟，在光线的作用下，碘化银依光线的强弱还原为不同密度的金属银，在铜板上形成潜影；将已曝光的镀银铜板放水银蒸汽上，金属银与汞蒸汽发生化学反应，形成汞合金影像即"显影"；将已"显影"的镀银铜板放在浓而热的食盐溶液中定影，使未曝光的碘化银失去感光作用；将镀银铜板进行水洗及晾干。这样景物中的暗部为黑色镀银铜板，亮部为霜白色汞合金，在铜板上形成正像的照片。

1839年8月19日，法国科学院和美术学会联合召开了一个盛大的会议，巴黎天文馆馆长、法国科学院常任秘书、国会议员阿拉戈在会上作了热情洋溢的讲演，详细地介绍了L. 达盖尔这项新发明的研究经过和制作方法，并预测它对将来文化的贡献，正式宣告了摄影术的诞生。达盖尔式摄影法正式宣布后，仅仅几个星期便传播到英国、德国、奥地利、瑞士、波兰、西班牙和美国，一年之后，又传到中国和日本，摄影这门技术便成了世界人民的共同财富。

三、卡罗式摄影法

除了L.达盖尔和尼埃普斯外，还有许多人在进行同样的探索研究，并取得了一定的成果。英国的F.塔尔博特的成果较为显著，且对当今的摄影发展有着极其深刻的影响。1834年起，他开始试验把暗箱中的影像固定在纸上，以代替描绘。F.塔尔博特的摄影方法是由负片产生正片，在1840年完善起来的，1841年取得英国的专利权。具体方法如下。

将感光乳剂硝酸银、碘化钾溶液涂布于高质量画图纸上并晾干，在暗室中将晾干的纸放入硝酸银醋酸和锫酸溶液中使之光敏化，晾干后可放入暗箱中进行拍摄，曝光时间约5分钟，然后进行显影、定影、晾干，得到一张负像照片，即底片。用上述的感光纸与底片叠合并用玻璃夹紧，放在阳光下暴晒约20分钟，直至感光纸上出现影像。将感光纸定影、水洗、晾干。这种摄影法称为"卡罗式摄影法"。

与达盖尔摄影法相比，其影像清晰度差、层次少、影纹粗糙。这主要是因为用白纸作为片基造成的，但它能无限复制照，达盖尔摄影法就不能。卡罗式摄影法是当代摄影技术的基础。

在摄影史上，J.N.尼埃普斯被誉为拍摄成功世界上第一幅照片的人，L.达盖尔被誉为世界第一个实用摄影法的发明者，F. 塔尔博特则被誉为由负片到正片的摄影法之父。他们都是摄影技术最突出的先驱者。

四、火棉胶“湿板”摄影法

卡罗式摄影法的主要缺点是白纸片基影响影像质量。因此，透明玻璃代替粗糙的白纸做片基是较为理想的选择。但玻璃板的表面难附着化学药品。

1851年，英国雕塑家F.S.阿彻尔发现火棉胶是很好的胶合剂，将感光化学药品混合在火棉胶中涂布于玻璃板上比较牢固，不易脱落，也不会变色或干裂，同时感光度也提高了不少。其他仍然采用负片到正片的拍摄制作方法，人们称这个方法为“火棉胶摄影法”。

火棉胶摄影法的优点是：影像清晰、成本低廉，能够通过负片反复进行印制。它结合了达盖尔摄影法和卡罗式摄影法的优点，且感光度也高于前两者，因此不到几年便取代了前两者而风靡世界。

但是，这种方法有一个缺点，就是火棉胶制成的感光板干燥后就不具备感光性能，必须在未干燥前使用，所以又名“湿板摄影法”。火棉胶的干燥时间约是20分钟，这给摄影带来了极大的不便，特别是外出进行摄影创作时，必须有水或带水，要现场进行感光乳剂的配置和涂布，不少人望而生畏，不敢问津。

五、干板的发明

湿板摄影法在使用上极为不便，阻碍了拍摄者的创作实践，也妨碍了摄影本身的进一步发展。人们在进行进一步的探索。

1871年，英国一名医生兼业余摄影爱好者R.L.马多克斯发现用动物的骨和皮提炼出的明胶代替火棉胶配置感光乳剂，在玻璃上进行涂布，干燥后仍然具有感光性能，从而使摄影从“湿板”进入了“干板”时代。直至今天，明胶仍是摄影乳剂的主要材料。

1874年，英国的“利物浦干板公司”开始制造明胶干板在市场出售，感光材料进入了商品化时代。实行感光材料的制造与拍摄的分工，给摄影艺术的创作带来了广阔自由的空间，促进了摄影事业的发展。

干板摄影法的优点是：拍摄出的照片影纹清晰，层次丰富；感光度高，在室外阳光下，可以手持拍摄，不必再用三脚架；拍摄后，可以在任何时候冲洗，或请人代洗；干板可以在商店里买到，不必再亲自配制，而且质量也更好。

六、黑白胶片的诞生

尽管此时玻璃干板的成像质量和拍摄操作极为理想，但是在使用的过程中还是极不方便，玻璃底片很容易划伤或破碎，为此人们不断进行探索。

1887年，美国牧师哥德温发现，用透明的赛璐珞板可以作为胶片的片基，并制作出胶片。这样就克服了玻璃干板的缺点，携带使用时都十分方便，从此开始胶片时代。1889年，美国24岁的银行记账员兼业余摄影爱好者乔治·伊思曼创建的伊思曼(柯达)公司开始了工业化生产胶片。

后来，人们对胶片的感光性能不断进行提高，胶片的感光度、感色性等有了很大的改进，越来越理想，黑白摄影感光材料的发展已经达到了较为完善的水平。

七、数码感光材料的产生

1981年，日本索尼公司推出了数码照相机，标志着数码感光材料的诞生。其后在短短20多年间，数码感光材料已经日臻完美。如今数码感光材料的应用，以及数码照相机的使用成为摄影的主流，无论是专业摄影领域，还是大众消费娱乐领域，到处都有数码照相机的身影。

但是这并不意味着黑白摄影的终结，数码感光材料同样可以应用于黑白摄影，而且给黑白摄影注入了空前的活力，给黑白摄影的创作带来了前所未有的革命。

第二节 黑白摄影大师及其作品

在摄影艺术100多年的发展历程中，诞生了一大批黑白摄影大师，他们对黑白摄影的发展作出了巨大的贡献，创作了许多经典的黑白摄影作品。

一、A.亚当斯

A·亚当斯，1902年2月20日出生于美国旧金山，美国著名的风光摄影家、摄影教育家、摄影理论家，在国际摄影界享有崇高的声誉。

A.亚当斯创立了"分区曝光法"(Zone System)，该方法能对照片的影调与层次所极为精准的控制，因此他的摄影作品制作精良、影调优美，深受人们的喜爱，其摄影作品的身价也极高，《月升》是A.亚当斯的代表作，1981年，其拍卖价达71 000美元。(图1–3)

图1–3《月升》A.亚当斯 摄

二、卡蒂尔·布列松

卡蒂尔·布列松，1908 年出生于法国，是享誉国际的摄影大师，他提出了“决定性瞬间”理论，是二十世纪世界纪实摄影之父。布列松特别强调要尊重摄影的真实性，他喜欢使用小型照相机进行抓拍，在抓拍的过程中体现其“决定性瞬间”理论，如《积水的路面》就是他抓拍的代表作。（图 1–4）

图 1–4《积水的路面》卡蒂尔·布列松　摄

三、阿诺德·纽曼

阿诺德·纽曼，1981 年出生于纽约，他以“环境肖像”驰名摄影界，他拍摄的照片影纹清晰、层次细腻、技术质量十分高超，拍摄的人物肖像具有完美和谐的画面结构，人物与环境有机结合，如《抽象雕塑家 I.诺古奇》。（图 1–5）

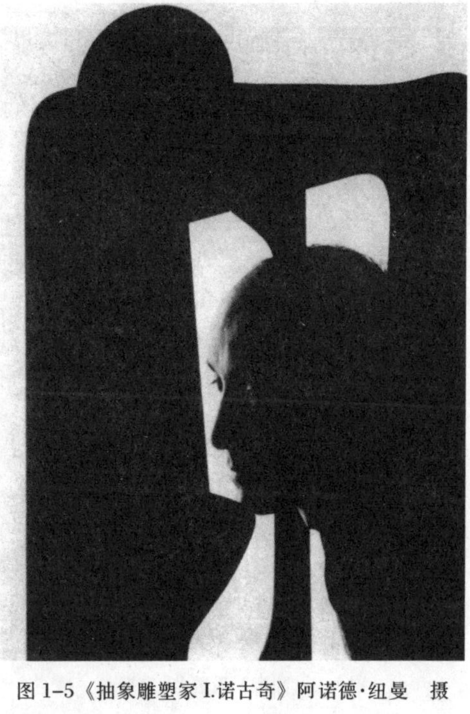

图 1–5《抽象雕塑家 I.诺古奇》阿诺德·纽曼　摄

四、曼瑞

曼瑞，1890 年出生于费城，曼瑞的摄影创作具有达达派的繁多一切传统的叛逆精神，具有力求白多现实束缚的超现实主义思想，《泪珠》是他最负盛名的代表作。（图 1–6）

五、菲利普·哈尔斯曼

菲利普·哈尔斯曼，1906 出生于欧洲的拉脱维亚，哈尔斯曼的摄影作品以构思精巧的超现实手法和诙谐幽默的抓拍见长，如《原子的达利》。（图 1–7）

六、爱德华·韦斯顿

韦斯顿 1886 年出生于美国伊利诺州，他是 F64 小组的成员之一，是 20 世纪著名摄影大师。韦斯顿的摄影作品对形式和质感具有极强的表现力，照片影纹清晰、影调细腻、质感强烈；他喜欢以小见大，从平凡的、司空见惯的日常事

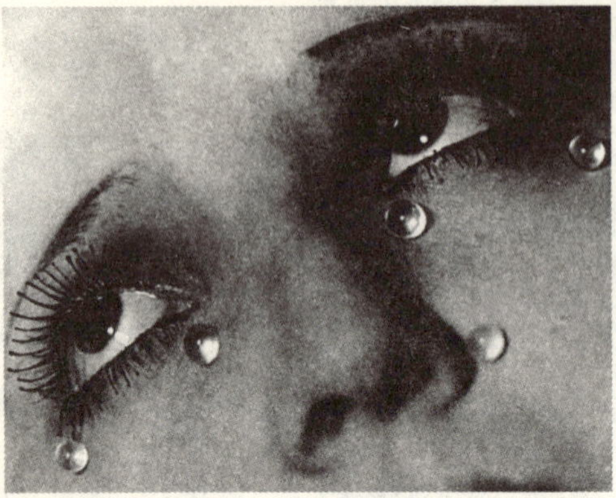

图 1–6《泪珠》曼瑞　摄

图 1–7《原子的达利》菲利普·哈尔斯曼　摄

物中，去把握大自然，去折射生命的意义。“摄影界的毕加索”，是韦斯顿死后人们对他的美誉，《贝壳》、《甜椒》等是其经典作品。（图 1–8）

七、尤金·史密斯

尤金·史密斯，1918 年生于美国堪萨斯州维琪塔市，史密斯以强烈的社会责任感、高尚的人道主义精神和精湛的拍摄技艺，在新闻专题摄影中具有崇高的地位。《乡村医生》是其代表作，乡村医生名叫西瑞阿尼，是美国科罗拉多州洛基山区克丽姆

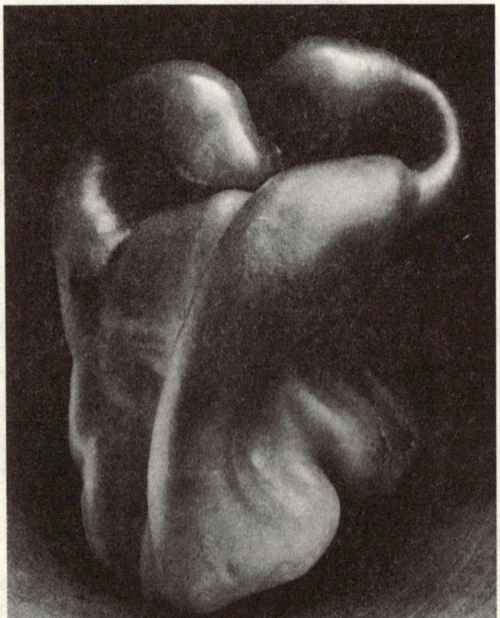

图 1–8《甜椒》爱德华·韦斯顿　摄

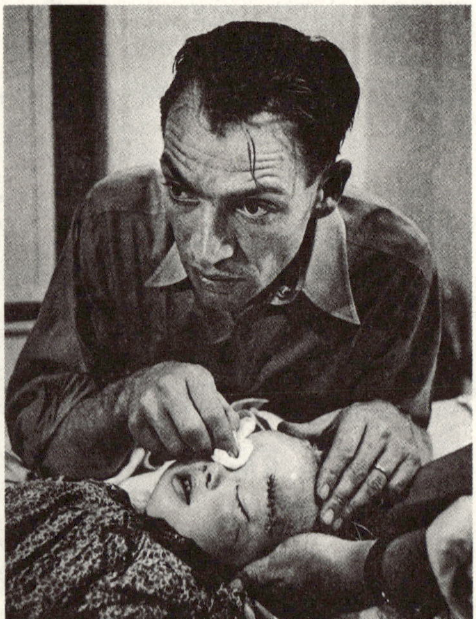

图 1–9《乡村医生》尤金·史密斯　摄

林村唯一的医生。西瑞阿尼几十年如一日，废寝忘食，兢兢业业，为村民治病，受到了村民的爱戴和拥护。史密斯用28幅照片构成一个专题，将这名乡村医生的敬业、诚恳、忧思和担心用照相机全面地表现出来。《生活》杂志发表时共用了11个版面，是摄影史上的经典之作。（图1–9）

第三节　黑白摄影系统构成

现代黑白摄影图片的制作途径极其多样，传统黑白胶片拍摄冲洗印放照片、黑白照片的数码制作，同时并存并能互通互融，当前使用得更多的方法是数码制作的方法制作黑白照片。要掌握黑白照片的制作，必须了解黑白摄影的系统构成，更要充分了解数码黑白照片处理制作的每一个环节，才能得心应手地处理制作出高品质的黑白照片。数码黑白照片的获得可以通过多种途径获得，数码黑白摄影可以与传统胶片摄影完美地结合起来，可以充分享受数字技术对影像处理带来的巨大革命，可以通过多种形式输出品质精良的黑白照片。（图1–10）

传统的黑白照片的制作方法是拍摄黑白胶卷、冲洗黑白胶卷、将黑白底片放大

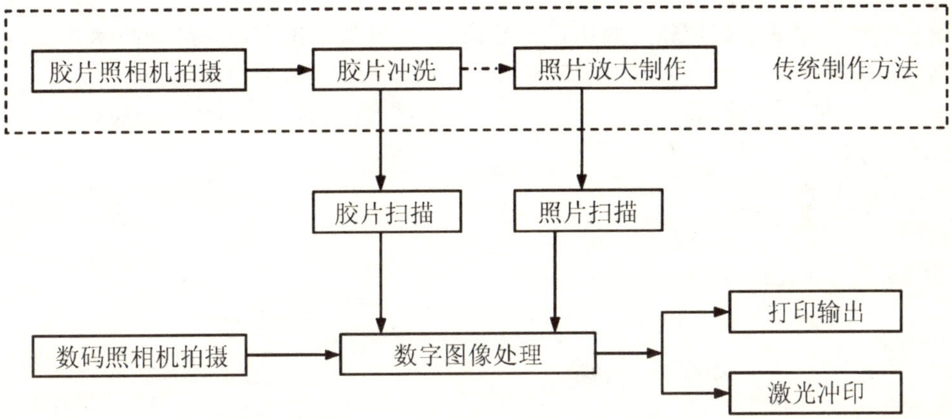

图1–10 数码黑白摄影的系统构成

制作成黑白照片，前面的章节中已经做了较为详细的研究，通过传统的黑白摄影制作方法我们可以获得高质量的黑白照片，摄影史上许多大师都是以精湛的黑白摄影技术而闻名的，并且留下许多经典世界名作。不过黑白摄影制作过程的烦琐、极强的技术特性等令当今的摄影爱好者以及专业摄影家望而生畏，没有高超的黑白摄影暗房技术，绝对制作不出高品质的黑白照片。

数码摄影的普及以数码照相机的普及使用为标志，数码照相机的自动化、电子化程度越来越高，使用越来越简单，使摄影师集中注意力专注于摄影创作，相对于

传统的黑白摄影创作的烦琐而言，数码摄影得到了迅速的普及。尽管现代数码照相机类型中，有黑白摄影模式的机型极少，但是在计算机处理制作过程中，所有彩色图片都可以转换成黑白照片，实际拍摄时，直接拍摄层次丰富的彩色图片即可。因此，现代数码照相机同样是进行黑白摄影创作有效"武器"，是获得数码黑白照片的主要途径。

数字图像处理是黑白摄影制作中最灵活、最具创意的部分，它替代了传统胶片黑白摄影中的胶卷冲洗、照片放大等技术，黑白数字图像处理能够轻松实现传统暗房制作中照片的明暗、反差控制，对于图像中局部的明暗、反差的控制比传统暗房制作更加得心应手、随心所欲，可以随意地对画面构成要素进行偷梁换柱、添枝加叶、无中生有的处理，能够实现传统暗房制作中的各项特技制作，且手法简单、效果绝佳、形式丰富，它是数码黑白摄影中最为精彩的篇章。

数字处理制作好的黑白图片文件，最终必须输出成高质量照片，才具有现实意义，才能真正与传统胶片黑白摄影一决高低，才能谈及如何替代传统的胶片黑白摄影。目前，数码黑白摄影的输出方法主要有两种途径，一是专业彩色打印机输出黑白照片，另外是数码激光冲印输出黑白照片，这两种方法输出的黑白照片在细节、清晰度等方面均已经达到甚至超过了传统的胶片黑白摄影照片，但在黑白的层次、影调、颗粒感等方面不及传统胶片摄影的视觉感受，始终有一种"数码味"。另外，黑白数码照片的输出质量不仅依赖于输出设备的档次，而且数码黑白影像处理技术和输出控制技术对数码黑白照片的输出质量也有极大的影响。

2 第二章

数码黑白照片的获得

当今时代是一个数码技术横行的时代，随着科技的发展，数码照相机在专业和业余摄影领域的普及，使传统胶片摄影走向了穷途末路，传统黑白摄影以胶片为依托，进行黑白胶卷的冲洗和黑白照片的制作，其灭亡的步伐更快，在业余摄影领域使用胶片拍摄制作黑白的手法基本绝迹，还有极少部分专业摄影师和研究者还坚守着这块阵地，为追求高品质黑白摄影的质感、层次、影调而痴狂。

相信随着数码摄影技术的进一步发展，总有一天黑白胶片从市场上销声匿迹，难道黑白摄影从此就消亡了吗，答案是否定的，因为现代数码摄影和处理技术完全可以制作出高品质的黑白照片，传统胶片黑白摄影制作中能做到的高品质黑白照片，以及黑白照片的质感、层次、影调等数码摄影与图像处理技术都能做到，而且处理制作的过程更加简洁、高效，更加创意无限！无论是业余还是专业摄影师，通晓黑白摄影的数码制作是非常有必要的。

获得数码黑白照片最基本的方法就是直接将黑白底片或黑白照片扫描到计算机中，彩色底片、彩色反转片以及彩色照片也可以扫描到计算机中，扫描的过程中可以直接设置成黑白灰度模式，直接扫描获得数码黑白图片，也可以先扫描获得彩色图片，然后再使用图像处理软件，将彩色图片转变成数码黑白图片。这是传统影像与现代数码黑白影像的最佳结合的方法，它可以使我们的影像同时获得传统胶片的高素质与数码影像处理优势，唯一的缺陷就是操作较为烦琐，而使用数码照相机拍摄得到数码影像是我们获得数码黑白照片的重要途径。

第一节 胶片扫描与照片扫描

扫描仪是将照片、底片、书刊杂志上的图像文字等信息转变成计算机可处理的电子文件的设备，通过扫描仪能够实现传统影像的数字化，使传统的影像也能够进入数码影像系统，进行数字化处理与输出。

一、扫描仪的种类

扫描仪的种类较多，从外部形态和扫描介质类型上分类，一般有平板扫描仪、胶片扫描仪、滚筒扫描仪。

1. 平板扫描仪

平板式扫描仪又称平台式扫描仪，目前在市面上大部分的扫描仪都属于平板式扫描仪，平板式扫描仪的光学分辨率在 300dpi 到 8000dpi 之间；色彩位数从 24 位到 48 位，较新的都是 42 位或者 48 位的；扫描幅面一般为 A4 或者 A3，其中 A4 幅面的产品较多。平板式扫描仪的使用与使用复印机一样，极其方便，只要把扫描仪的上盖打开，不管是书本、报纸、杂志、照片都可以放上去扫描。平板扫描仪凭借其价格低廉、体积小巧的优点得到了广泛的应用，已经成为目前家庭及办公的主流产品。同时，平板式扫描仪在图像处理、广告设计、商业印刷等领域有着广泛的应用性。在数码影像系统中主要用于将洗印出来的照片转变成电子文件。（图 2–1）

图 2–1 中晶 1800f 平板扫描仪

2. 胶片扫描仪

胶片扫描仪也叫底片扫描仪，它主要用于将冲洗出来的胶片转变成数字图像文件，可以扫描的胶片包括黑白负片、彩色负片、彩色反转片等各种胶片。胶片扫描仪具有极高的光学分辨率，绝大多数都在4000dpi左右。现在也有些平板式扫描仪带有底片扫描的功能，总的来说它属于数码影像系统中的专业产品。

2000年底，宝丽来的SS120底片扫描仪问世，它是全球第一台具有4000dpi精度、可以连续扫描并具有自动对焦系统的专业级底片扫描仪，它在光学分辨率、动态密度、扫描速度与效果方面全面超越了平板扫描仪，并达到了滚筒扫描仪的印刷级效果。目前主流的胶片扫描仪品牌有宝丽来、尼康、柯尼卡美能达、中晶、佳能等。图2-2为尼康4000ED底片扫描仪，其性能如表2-1所示。

3. 滚筒式扫描仪

滚筒扫描仪主要用于专业印刷、制版领域，可以扫描大幅面图像、图纸，以及各类胶片，这种扫描仪的感光器件是光电倍增管，光学分辨率在1000dpi到8000dpi之间，色彩位数在24位到48位之间。光电倍增管的性能不管在灵敏度还是噪声系数等方面都遥遥领先于其他感光器件，而且更重要的是其输出信号在相当大的范围上保持着高度的线性输出，从而使

图2-2　尼康4000ED底片扫描仪

表2-1　尼康4000ED底片扫描仪的性能指标

基本规格

扫描仪类型	底片扫描仪
扫描元件	CCD
光学分辨率(dpi)	4000×4000
最大分辨率(dpi)	4000×4000
最大幅面	35mm
扫描介质	135mm/APS底片
色彩深度(位)	14
光源	RGB矩阵式LED低温光源
接口	IEEE1394

详细参数

透射适配器	有
支持网络扫描	不支持
支持操作系统	Windows98+Windows ME+Windows2000
系统要求	Pentium MMX 166MHz以上,32MB RAM（建议128MB以上）,CD-ROM drive
随机附件	SA-21负片片夹,MA-20(S)正片片夹,FH-3底片支架
附带软件	Nikon Scan 3驱动程序

得输出信号几乎不用做任何的修正就可以获得很好的色彩还原，因而采用光电倍增管的扫描仪要比其他扫描仪贵出很多倍，低档的也在几十万以上，高档的甚至几百万元。

二、扫描仪的主要性能

1. 分辨率

分辨率是扫描仪最重要的技术性能之一，是用户选购专业扫描仪的重要指标。扫描仪的分辨率可以分为光学分辨率和最大分辨率。

光学分辨率是扫描仪的硬件水平所能达到的实际分辨率，光学分辨率是指扫描仪对图像进行扫描时，对图像细节进行分辨的实际能力，以 dpi（每英寸点数）或 ppi（每英寸像素数）表示。对于平板扫描仪，光学分辨率又分为水平分辨率和垂直分辨率，如 1200×2400（dpi）。水平分辨率主要取决于线阵 CCD 的像素数和扫描的宽度（分辨率=CCD 像素数/扫描最大宽度）。垂直分辨率是扫描仪中扫描头移动单位距离（英寸）所具有的行数，在扫描仪的两项分辨率指标中，更为重要的是水平分辨率，一般提到光学分辨率是指水平分辨率。

最大分辨率则是指为了提高设备处理图像的质量，利用软件技术在硬件产生的像素点之间再插入另外的像素点后能获得的最高分辨率，也叫插值分辨率。最大分辨率与光学分辨率不同，虽然最大分辨率能使扫描图像的分辨率提高，但不能实际增加图像中的信息量，反而会使图像看起来模糊。软件插值法使分辨率提得越高，图像的质量越差，扫描时建议不要采用这种分辨率。

根据光学分辨率的不同，扫描仪一般可以分为低、中、高三类：光学分辨率为 600dpi 的是一种低档产品，适用于家庭和小型办公室进行普通图像扫描；光学分辨率为 1200dpi 的是一种中档产品，适用于专用图像和桌面印刷排版系统，这种扫描仪可以对图像进行数倍放大而不致使图像质量过低从而达到输出精度要求，能满足一般的广告图像设计和小型喷绘写真的需要；光学分辨率为 2400dpi 以上的扫描仪是高档专业扫描仪，它不仅分辨率极高，且扫描品质优异、功能齐全、性能稳定，扫描速度也相对较快，但价格较为昂贵。这种扫描仪一般用于经济实力雄厚，扫描质量与性能要求极高的专业应用领域。

2. 色彩位数

色彩位数也叫“颜色深度”，表示扫描仪分辨色彩的能力，是扫描仪对每一种颜色所能识别的层次数。目前常用扫描仪的颜色位数有 24 位、30 位、36 位、48 位扫描仪。24 位扫描仪能区分 256 级灰度和 1677 万种颜色；30 位扫描仪能区分 1024 级灰度和 10 亿种颜色；而 36 位扫描仪能区分 4096 级灰度和 687 亿种颜色；48 位扫描仪能区分 65536 级灰度和 281 兆种颜色。因此，扫描仪的颜色位数越高，捕获的色彩越丰富，扫描的图像色彩层次越多。

3. 动态范围

动态范围又称“明暗密度范围”，是决定扫描仪成像质量的重要指标，它对成像质量的影响比分辨率和色彩位数还大。它表示扫描仪能正确表现图像从明至暗之间的反差能力，扫描仪动态范围越宽，记录图像明暗之间反差的能力就愈强，记录和表现图像的细微差别就愈多。

被扫描的底稿有一定的密度范围，不同的原稿有不同的密度范围，一般来讲，反射稿≤2.6D 左右；透射稿≤4.0D 左右。如一般印刷品的密度范围为 0.06D~2.2D，胶片的密度范围可达 0.02D~4.0D。在图像上，动态范围表示了图像所包含的从“最暗”至“最亮”的范围，动态范围越大，所能表示的层次越丰富，所包含的色彩空间也越广。

扫描仪具有一定的动态范围，如普通专业级扫描仪的动态范围一般都在 3.4D 以上，高档专业扫描仪可达到 4.0D 以上。对于一台动态范围较小的扫描仪，则无法检测到足够宽的层次范围与色彩空间。此时，扫描仪将无法分辨出图像的暗部层次，或是损失亮部区域的细节，而不能正确反映真实色彩。如用动态范围是 3.4D 的底片扫描仪去扫描密度范围达 4.0D 的彩色反转片，得到的图像必然会有高密度区域或者低密度区域的层次损失。

4. 扫描速度

扫描速度是扫描仪的性能指标之一，扫描仪的速度与计算机系统配置、扫描分辨率设置、扫描尺寸、扫描处理过程等密切相关。一般情况下，扫描品质越低，速度越快，扫描品质越高，扫描速度越慢。因此，不是扫描仪的扫描速度越快越好，扫描速度非常高的扫描仪，在扫描过程中，可能会丢失一些图像信息。扫描仪在低分辨率时扫描速度快，但在高分辨率时扫描速度不一定快，必须在保证质量的前提下，追求扫描仪的速度。

5. 扫描接口

目前，市场上扫描仪接口标准主要有 SCSI、EPP、IEEE1394 和 USB 四种。

SCSI 接口传输速度很快（最大 160M/秒），可以连接的设备较多，工作时占用 CPU 的时间很少，具有容错能力高、多任务、智能化等特点。但在使用前，需要打开计算机，在计算机中安装 SCSI 连接卡，安装过程较为复杂，容易出现设备冲突，而且增加了扫描仪的成本。早期的专业扫描仪均采用此接口，现在的扫描仪使用这种接口的几乎没有。

EPP(Enhanced Parallel Port)接口称为增强型并行接口，是从普通打印机接口发展而来的，它连接使用方便、不需要添置接口设备，早期最为普及，但是较慢的数据传输效率已经极大的限制了扫描仪的速度，无法适合快节奏的时代需要。

IEEE1394 接口又称 Firewire(火线)接口，尤其受到专业扫描仪厂商的青睐，具有较高传输速度，最大传输速率达到 400Mbps，这种接口的扫描仪使用方便，即插即用，支持热插拔。由于 IEEE1394 目前还不是 PC 的标配，对于 PC 用户要想使用必须在计算机中安装 1394 卡，使用前的安装还比较麻烦。

USB2.0 接口在传输速度上与 IEEE1394 不相上下，最大传输速率达到 400Mbps，已经成为主流计算机的标准接口，作为近年新兴的行业标准，在传输速度、易用性、扩充性及计算机兼容性方面均有较好的表现，采用此接口的扫描仪传输速度极快，使用方便，即插即用，支持热插拔。

接口标准对扫描仪整体性能的影响也是很重要的。它不但能影响电脑的工作效

图 2-3 4 针 1394 接口

图 2-4 6 针 1394 接口

图 2-5 4 针 /6 针 1394 连接线

率，也是直接影响扫描速度的一个重要原因。

6. 最大可扫描幅面

该性能指标是指扫描仪上能够放置的扫描原稿的大小尺寸，一般平板扫描仪的扫描幅面为 A4 大小，只有很少部分型号的扫描仪能够扫描 A3 幅面的原稿；一般底片扫描仪的可扫描幅面为 135、120 底片大小，有极少部分扫描仪能够扫描 4×5 英寸的底片。通常情况下扫描仪的可扫描幅面越大，其价格越高。

三、扫描仪的使用

在黑白摄影中，将传统影像数字化的主要方法是扫描底片，应尽量避免进行黑白照片的扫描，因为底片对影像的细节保留最为完整，而底片冲洗成黑白照片后，照片获得的影像细节必然有一定的损失，使用照片扫描的方式进行影像的数字化，实际得到的影像质量将有所下降，一般在影像质量要求不高以及底片损毁等不得已的情况下才使用扫描照片的方式。专业摄影师一般自配专业底片扫描仪进行传统黑白底片的数字化，有些摄影师喜欢到数码激光冲洗店扫描底片，或者到大型广告、出版机构使用滚筒扫描仪进行电分扫描获得数字图像文件。他们都可以获得高质量扫描图片，不过后者的扫描价格较高，扫描设置、操作等方面，不如自己拥有底片扫描仪那样方便。随着底片扫描仪的价格下降，自配扫描仪的摄影师越来越多。

扫描仪的使用包括连接扫描仪，安装扫描仪驱动程序，启动扫描程序，放置扫描原稿，设置扫描选项、预扫与正式扫描、保存扫描文件等操作，在安装以及操作扫描仪之前应认真阅读扫描仪的产品说明书。

1. 连接扫描仪

开始使用扫描仪之前，必须将扫描仪与计算机连接起来，连接扫描仪是比较简单的，扫描仪与计算机的连接一般通过相应的接口来进行，各种接口在扫描仪的性能中已经讲述过。扫描仪是 SCSI 接口时，必须在计算机中安装一块 SCSI 卡，然后用连接线将扫描仪与 SCSI 卡连接起来。扫描仪是 USB 接口时，用一根 USB 连接线将扫描仪与计算机连接起来。扫描仪是 IEEE1394 接口时，需要一根 1394 连接线，将扫描仪的 1394 接口和计算机的 1394 接口连接起来。

如 Nikon 4000ED 使用的就是 1394 接口， 现在一般的笔记本电脑都具有 1394 接口，此时只要使用一根 1394 线将笔记本电脑和 Nikon 4000ED 底片扫描仪连接起来即可，但是使用 1394 连接线必须注意，笔记本电脑的 1394 接口一般为 4 针小接口（图 2–3），而 Nikon 4000ED 扫描仪上的接口为 6 针大接口（图 2–4），因此使用的连接线必须是一头大一头小的连接线（图 2–5）。现在的台式计算机一般没有 1394 接口，为此必须在台式计算机中安装一块 1394 卡，在 Nikon 4000ED 扫描仪的随机附件中配有一块 1394 卡，此时需要将计算机的机箱打开，将 1394 卡安装到计算机主板上的 PCI 插槽中， 重新合上计算机机箱，1394 卡就安装好了，1394 卡一般具备两个 1394 接口，此时用一根两头均为 6 针大接口的 1394 线将计算机和扫描仪连接起来就行了。

2. 安装扫描驱动程序

扫描仪与计算机连接好之后，如果是新使用的平板扫描仪必须检查扫描仪的扫描头的位置锁定开关，该锁定开关用于固定扫描头，防止在运输的过程中的震动损坏扫描头，在使用时必须将锁定开关由锁定位置（Lock）拨到解锁位置（Unlock），如果是底片扫描仪就没有这样的操作了。

如 Nikon 4000ED 与计算机连接好之后， 接通扫描仪的电源， 并打开扫描仪的电源开关， 此时计算机会弹出找到新的硬件向导（图 2–6）。

在欢迎使用找到新硬件向导对话框中，Windows 可以连接到 windows Update 以搜索软件吗？选择“否，暂时不（T）”选项，点击下一步按钮，则又弹出下一个安装向导对话框。（图 2–7）。

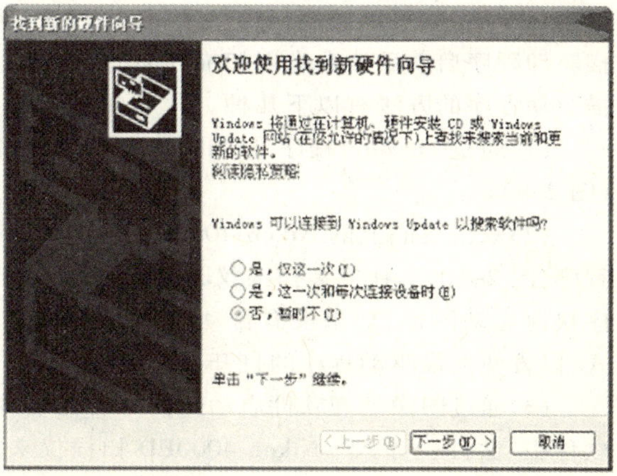

图 2–6 扫描仪安装界面（一）

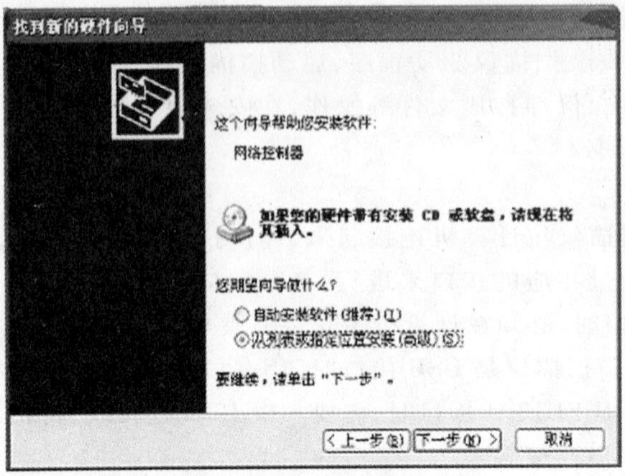

图 2-7 扫描仪安装界面(二)

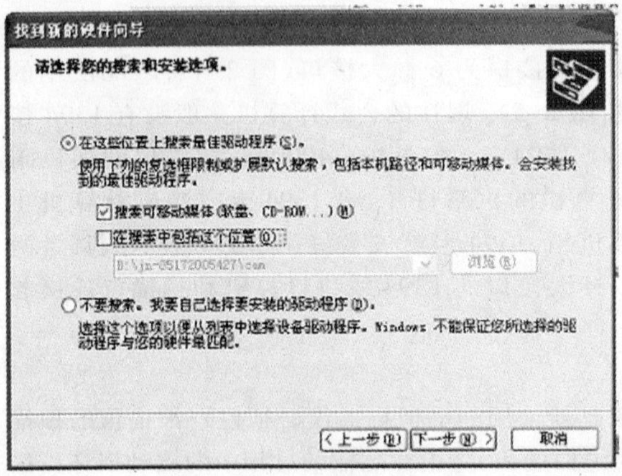

图 2-7 扫描仪安装界面(三)

选择从列表或指定位置安装选项，点击下一步按钮，则会弹出又一个安装向导对话框(图 2-8)。

在对话框中选择搜索可移动媒体（软盘、CD-ROM 等)选项，点击下一步按钮，则会弹出系统搜索光盘驱动器，并安装扫描驱动程序的安装向导对话框。安装成功后在对话框中会显示成功安装 Nikon 4000ED 扫描仪，提示 Nikon 4000ED 可以使用，最后点击完成即可使用扫描仪了。

有些扫描仪的驱动光盘插入计算机的光驱后能够自动运行，这种安装方式比较简单，同时，扫描仪集成的调整软件、文字识别软件等在安装驱动程序的过程中也可以进行选择性安装。在自动运行的过程中我们只要相应的点击“下一步”按钮，直至点击了“完成”按钮，扫描仪的驱动程序就安装成功了。

3. *启动扫描程序*

在计算机上安装好扫描仪驱动程序后，就可以使用扫描仪了，使用扫描仪时必须启动或打开扫描驱动程序，扫描驱动程序启动后才会出现扫描界面的对话框。如 Nikon 4000ED 扫描仪，打开其扫描驱动程序的方法有以下几种。

(1)通过“开始→程序 →Nikon 4000ED 扫描驱动程序”来打开扫描仪驱动程序(图 2-9)。

(2)双击桌面上的 Nikon 4000ED 扫描驱动程序快捷启动图标，打开扫描仪驱动程序(图 2-10)。在安装扫描仪驱动程序时，一般计算机会在桌面上自动生成驱动程序快捷启动图标，如果没有自动生成快捷方式，我们可以在桌面上手动生成快捷方式，以方便扫描驱动程序的打开。

(3)通过图像处理软件启动扫描驱动程序，打开图像处理软件 Photoshop cs，通过软件中“文件→导入→Nikon 4000ED 扫描仪来源”来启动扫描驱动程序(图 2-11)。这种启动方式在摄影领域使用得较多，原稿图像经过扫描后，得到的数字图像处于

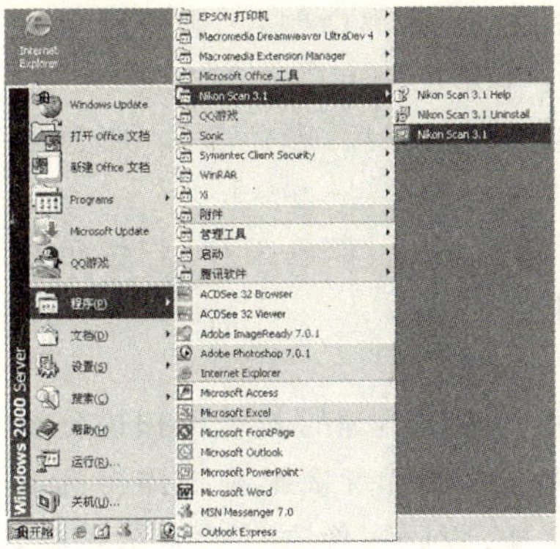

图 2–9 启动方法（一）

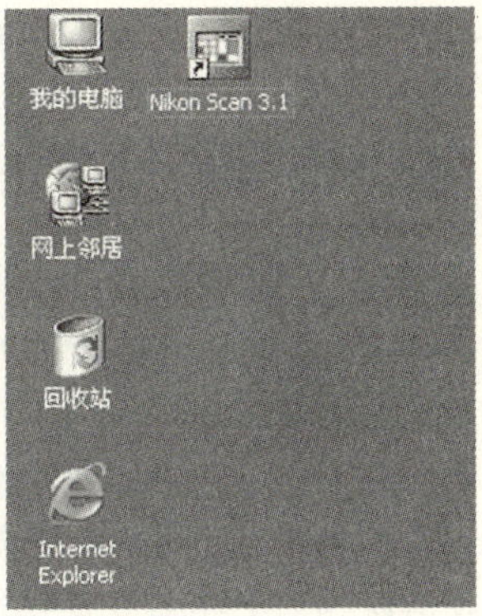

图 2–9 启动方法（二）

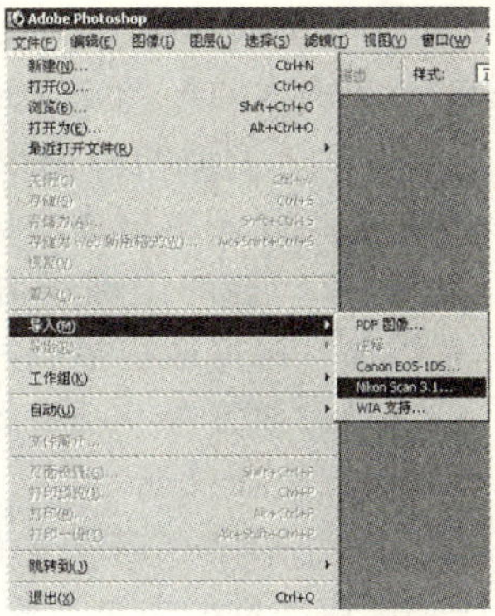

图 2–9 启动方法（三）

图像处理软件中的打开状态，这样对扫描得到的数字图像的调整、处理、文件格式的转换、保存等都极为方便。

4. 放置扫描原稿

将需要扫描的原稿放置于扫描仪上，对于平板扫描仪而言，应清除玻璃载物面上的灰尘杂质，保持玻璃的洁净；放置扫描原稿时应注意稿件的平整，特别是较厚的扫描原稿；注意扫描原稿的方向，保证扫描出来的图像是正立的，可以避免扫描出的图像的旋转调整，提高效率；需要批量扫描时，可以按照扫描原稿的大小、质量要求、原稿类型等进行归类，相同要求的可以排列组合后放置到扫描仪上一起扫描，扫描完成后再将它们分割出来，这样可以极大的提高扫描效率。

对于底片扫描仪而言，应注意底片的清洁，将底片上的灰尘清理干净；注意底片的放置的平整，特别是使用空框底片夹时，更应注意底片的平整；使用玻璃底片夹时，要注意玻璃的干净；注意底片药膜面的朝向，否则扫描出的影像清晰度会受到影响，同时扫描出的影像是反的、左右颠倒的，增加了调整的难度。

5. 设置扫描选项

打开扫描驱动程序后，计算机上会出现扫描界面，在扫描界面中，有若干个扫描选项可以进行设置，不同的扫描仪设置的方法不同，但主要的扫描选项设置如下。

（1）扫描类型设置。

不同型号的扫描仪能够扫描的原稿类型不同，目前扫描仪能够扫描的原稿有反射稿和透射稿，反射稿有黑白纸稿（包括黑白照片）和彩色纸稿（含彩色照片），透射稿有黑白负片、彩色负片和彩色反转片。

在平板扫描仪的扫描设置选项中扫描类型的设置有黑白、灰度、真彩色等选项，其设置应根据原稿类型来进行。

黑白类型的扫描设置，适合扫描黑白文字和黑白线描图，此时扫描得到的影像只有黑白两值，没有中间过渡层次，正好适合黑白文字和线条的表现，如果用这种类型来扫描层次丰富的黑白照片，则扫描得到的照片中间层次损失，成为黑白木刻效果的照片，这种扫描类型扫描得到的影像文件占用的存储空间最小。

灰度类型的扫描设置，适合扫描层次丰富的黑白图像，如黑白照片、黑白风景画等，扫描出来的影像不只是黑白两值，还保留了原稿中丰富的中间层次细节。

真彩色类型的扫描设置，适合扫描彩色图片，包括彩色照片、彩色底片、彩色书稿等，能正确还原扫描原稿的色彩层次。

胶片扫描的类型设置选项中主要有黑白正片、黑白负片、彩色正片、彩色负片等，扫描时根据被扫描胶片的类型对应进行设置即可。

(2)扫描分辨率的设置。

所有扫描仪都具有一定的光学分辨率，而且提供了高低不等的若干种扫描分辨率的设置，给使用者很大的选择余地，扫描分辨率高低的设置直接影响扫描得到的数码影像文件的质量。一般情况下，分辨率设置得越高，数码影像文件的质量越高，影像文件越大，文件占用的存储空间越大，扫描速度越慢，计算机处理数码影像文件的速度越慢。因此，实际扫描时，不一定都需要使用最高分辨率来进行扫描，应该根据数码影像的实际用途来进行扫描分辨率设置。如 5 寸照片经扫描处理后仍然用于扩印 5 寸照片，扩印对数码影像文件的分辨率要求是 300dpi，则扫描分辨率应该设置为 300dpi；如果用于扩印 10 寸照片，则扫描分辨率应提高到 600dpi；如果用于使用打印机以 150dpi 的分辨率打印 5 寸照片，则扫描分辨率的设置应为 150dpi；而该照片如果用于在计算机上以原来大小显示观看，或在网络上发布传输，则扫描分辨率的设置只要 72dpi 就足够了。

(3)去网纹设置。

因为印刷品上的图像是有极其微小的网点构成的，如报纸、杂志、画册等印刷品，扫描仪在扫描这些载体上的图片时，由于光的干涉现象，会在扫描得到的数码影像上形成明暗交替的、有规律出现的大块网纹，直接影响画面的视觉效果，扫描时必须克服这一缺点，去网纹设置可以很好的解决扫描印刷品上的图片时出现大块网纹的问题。

扫描仪驱动程序提供的去网纹设置选项一般有不去网纹、报纸、杂志、艺术杂志、自定义等项目，扫描时根据实际的扫描原稿“对号入座”，选择相应的扫描去网纹设置选项。

扫描照片、底片等本来不是有细小网点组成的图片时，扫描设置选项应该使用不去网纹选项，不能使用其他去网纹选项来扫描，另外，在实际去网纹扫描时，扫描分辨率越高，去网纹的效果越好，印刷品扫描后得到的数码影像质量会相应提高。

(4)曝光、亮度/对比度、色调、曲线等设置。

对于一般的扫描原稿，对图像质量要求不是很高时，对曝光设置、亮度/对比度、色调、曲线等的设置可以使用扫描软件的默认设置，但对图像质量要求极高时，如底片扫描中对底片中的亮部或暗部表现有特别的要求时，就要在扫描界面中对曝光、亮度/对比度、色调、曲线等进行特别的设置，以满足图片扫描质量的需要。

(5)文件保存设置。

如果单独启动扫描驱动程序，在正式扫描之前还必须设置扫描影像的保存路径位置和文件保存的格式类型，这样扫描仪在正式扫描完成一张图片后，就会自动地将扫描得到的数码影像文件按照设置的格式保存到指定的位置。

如果是在图像处理软件中，一般不需要进行此项目设置。

6. 预扫与正式扫描

扫描设置完成后，可以进行预扫描，预扫描一般在扫描界面中显示为“预扫”、“Prescan”或“preview”等按钮，点击该按钮，则扫描仪开始预扫描工作，并将扫描平台上的图像粗略的呈现在扫描仪驱动程序界面上，如果预先扫描效果不理想，如原稿放置过于歪斜、原稿之间有重叠遮挡等，可以重新放置扫描原稿再进行预扫描，直到合适为止。

正式扫描时，可以在预先扫描的粗略图像上框取较为精确的扫描范围，在确认扫描设置后，可以开始正式扫描，正式扫描的按钮在扫描驱动程序上一般为“scan”、“扫描”等，此时只要点击该按钮即可。正式扫描完成后得到的数码影像文件会按扫描设置中的文件格式和位置进行文件自动保存。

如果扫描时是在图像处理软件中打开扫描驱动程序，则扫描完成后，关闭扫描驱动程序，扫描得到的数码影像在图像处理软件中处于打开状态，此时必须在图像处理软件中将图像以一定的格式保存到相应的位置，如果不保存关闭了图像文件，则刚才所做的扫描工作就前功尽弃了，需要的图片还必须重新扫描。

第二节 数码照相机拍摄

现代摄影中数码照相机的使用越来越普及，使用数码照相机拍摄出来的照片大多为彩色图片，而将彩色图片转变成黑白图片，在计算机图像处理中是轻而易举的事，因此，用数码照相机拍摄制作黑白照片是现代黑白摄影发展的必然趋势。

用数码照相机拍摄用于制作黑白照片的图像时，应该注意如下几个方面。

一、拍摄模式选择

对于消费级数码照相机而言，其操作模式一般有拍照模式、回放模式、摄像模式、设置模式，不同的数码照相机用不同的符号来表示它们，进行照片拍摄时，必须将操作模式设置成拍照模式，在这种模式下数码照相机才能进行拍摄照片的操作，如果设置错误就无法拍摄出照片。另外，千万要注意拍照模式和摄像模式的区别，它们都能进行拍摄操作，不过拍摄得到的结果是不一样的，拍照模式得到的是高质量照片，摄像模式得到的是低质量的视频。

对于专业单反数码照相机而言，其默认初始操作模式就是拍照模式，不需要进行特别的设置，可以直接按快门拍摄。即使在回放显示状态下，只要启动照相机快门，照相机的操作模式就会回到拍摄照片的模式，关闭显示屏，进行拍摄照片的对焦和快门曝光拍摄操作。

现代的一些专业数码照相机提供了黑白照片、怀旧照片、文件资料等拍摄模式，采用这些模式拍摄时，得到的数码照片就是没有色彩的黑白照片，或者是带有一定偏色的黑白照片，这样虽然能够直接得到黑白照片，但是获得照片的层次远不如彩色照片，同时，获得的黑白照片在后期的图像处理制作过程中，对影调、反差、层次等方面的调节控制会受到很大的限制，而彩色数码照片在图像处理制作过程中，在转换为黑白照片的过程中，可以对画面中的影调结构、层次、反差等，进行得心应手的控制，因此，在使用数码照相机拍摄黑白照片时，尽量不要用数码照相机的黑白模式，应尽量使用彩色模式拍摄彩色图片，黑白照片的获得尽量放在后期的图像处理制作过程中。

二、感光度设定

现代的数码照相机其感光度都能在一定的范围内调节，我们在拍摄照片之前应根据拍摄现场光线和拍摄照片内容和品质的需要 进行拍摄照片时的感光度设定。一般情况下我们使用最低的感光度，因为越低的感光度拍摄，数码照片的影像质量越高，越高的感光度拍摄，得到的数码照片会颗粒变粗、杂讯噪点严重、层次损失，导致影像质量严重下降。拍摄制作黑白照片时，同样应该遵循这样的规律，只有这样才能获得高品质的黑白照片。

光线较暗的情况下，需要手持照相机拍摄时，为了提高照相机的快门速度，保证照相机的稳定，拍摄出清晰的照片，可以适当将感光度设置得高一些。如果有三脚架固定照相机时，感光度的设置应该仍然使用最低的感光度。

室外光线较强时，如果需要凝固运动物体，适当的提高感光度设置，可以提高快门速度，促使运动物体的清晰凝固。

有些自动功能的数码照相机，会根据现场光线的条件，自动调节拍摄照片时的感光度，一般条件下自动使用最低感光度，光线变暗时，照相机会根据手持照相机的稳定可能和闪光灯使用情况，自动的对感光度进行提高调节。

三、白平衡设置

白平衡设置的目的是为了获得比较准确的色彩还原，白平衡设置不当会导致拍摄的数码照片严重偏色，尽管后期在计算机里可以进行色彩的调校，但是会使色彩表现的空间大大缩小，损失色彩的层次与细节，严重时会使色彩失去平衡，使画面中的某些色彩永远得不到准确还原。

拍摄制作黑白照片时，尽管最终的照片上没有色彩，在理论上白平衡的设置对黑白照片没有任何影响，但是我们的黑白照片一般是从数码照相机拍摄的彩色照片转换得到，彩色照片本身的色彩表现直接影响着转换得到的黑白照片的影调、层次、细节等的表现。因此，拍摄制作黑白照片时，同样需要仔细地设置数码照相机的白平衡。

数码照相机上均有自动白平衡调节，它会根据现场光源的色温情况，自动的控制色彩表现情况，对于一般的场景，使用自动白平衡调节既快捷又准确，但是自动白平衡的调节范围有限，在一些色温特别高或色温特别低的时候，自动白平衡会调校不准，出现彩色偏色。

除了自动白平衡外，在数码照相机上使用得最多的就是按照光源类型设置白平衡。这种设置调节方式比较直观(图 2-12),常用的光源模式有日光(Daylight/Direct Sunlight)、多云(Cloudy)、阴天(Shade)、卤钨灯(Tungsten/Incandescent)、荧光灯(Fluorescent)、闪光灯(Flash)等,在什么样的光线条件下拍摄,白平衡就设置到那种光源模式,这种设置方式对色彩的表现较为准确,调节范围较大,但是拍摄时必须及时根据摄影光源的变化进行相应的设置调整,有时容易忘记调节,导致拍摄的照片出现色彩偏色,另外在抓拍时,经常调整白平衡会影响抓拍瞬间的抓取。

图 2-12 数码照相机白平衡设置分类

对于专业单反数码照相机而言,还有一种预置白平衡调节方式,或叫做手动白平衡方式,这种白平衡调节方式最为准确,不过操作比较烦琐。

实际使用时,将白平衡设置到预置模式,镜头前放置一张纯白的纸,取景时将白纸充满画面,让白纸感受与被摄景物相同的光线,按下快门,照相机就在存储卡中记录了该光线条件下,能将白纸的色彩极为准确的还原为白色的白平衡设置,在实际拍摄时,预置白平衡模式下,照相机会调用刚才记录的白平衡设置进行拍摄,这样拍摄的景物色彩也会像白纸一样,极为准确的还原出来。

预置白平衡设置常用于拍摄商业产品, 对色彩还原要求极高时使用预置白平衡设置。对于一般的景物拍摄或黑白摄影创作没有必要使用这种烦琐的白平衡设置方式。

四、拍摄质量设置

数码照相机一般可以拍摄不同像素级别的图片,同时不同像素级别的图片在存储时的压缩比不同,照片的品质又会存在很大的差异。在拍摄照片之前,必须根据自己对数码照片的要求设置一定的照片分辨率尺寸和压缩比。如尼康 D100 照相机,分辨率尺寸可以设置为 3008×2000(L)、2240×1488(M)、1504×1000(S)三种级别,对三种级别分辨率的图片又具有 TIFF(无压缩)、FINE(高品质压缩)、NORMAL(中品质压缩)、BASIC(一般品质压缩)四种压缩处理质量的设置,另外对于最高分辨率尺寸还有一种 RAW 方式的无损压缩设置模式。综合起来看,它共有十种级别的拍摄质量设置。

我们拍摄制作的黑白照片用于摄影创作、商业印刷或制作巨幅照片时,对图像的质量要求极高,应该将拍摄质量设置为最高的像素,即最高的分辨率尺寸,尽量使用无压缩或无损压缩的图像品质。

如果拍摄制作的黑白照片只限于一般的旅游纪念照片,数字文件印放成照片时一般为 6 英寸左右,这样的照片对数码图片分辨率的要求一般在 1800×1200,因此对图片拍摄质量中分辨率的设置只要高于 1800×1200 就可以了,不必追求使用照相机的最高分辨率。对于图像压缩处理的设置,应该采用高品质(FINE)压缩图像品质的设置,没有必要采用无压缩处理的设置,尽量避免采用中等或一般品质压缩处理的设置,以保证图像的质量。另外,如果觉得将来图片有放制大尺寸照片的需要,或者不考虑拍摄数码照片的存储空间的限制, 应该尽量使用最高分辨率尺寸的设置,高品质压缩(FINE)设置。

五、曝光控制

用数码照相机拍摄制作黑白照片,与传统胶片摄影一样,要获得丰富的层次与影调、强烈的质感与表现力等,离不开精准的曝光控制,在拍摄黑白照片时的曝光控制一般应注意以下几个方面。

1. 了解测光原理与应用

所有的照相机测光系统都是以 18%的标准灰度再现被摄景物,如果被摄景物的平均灰度接近 18%的标准灰度, 则照相机的测光系统的测光曝光是较为准确的,我们平时拍摄的大部分景物其平均灰度是接近 18%的标准灰度,此时按照相机测光指示进行手动或自动曝光,能够再现被摄景物的层次。

但是,在拍摄大面积的白色影调或黑色影调的画面时,按测光读数曝光,白色不白,显得曝光不足;或者黑色不黑,显示为中灰色调,显得曝光过度,他们都会使被摄景物的层次损失,不能再现事物的原貌。

对付上述情况的办法就是"白加黑减",即遇到大面积的白色被摄对象,欲将其表现为亮白色调,则在曝光时需要增加曝光,反之就要减少曝光。

拍摄数码黑白照片更加需要掌握测光原理和它的应用, 我们可以用数码照相机的液晶显示屏大概地查看曝光情况, 但精准的曝光控制不能依赖于液晶显示屏的显示。

2. 利用数码照相机的直方图

直方图是通过在 LCD 上显示出来的波形参数来确定照片曝光精度的工具 (图 2-13)。

图 2-13 数码照相机上的直方图

图 2–14 曝光正确

图 2–15 曝光过度

直方图的横轴从左到右代表照片中从黑（暗部）到白（亮部）的像素数量，一幅层次丰富的照片，其直方图应该从左到右均有分布，同时直方图的两侧是不会有像素溢出的；直方图的竖轴表示相应部分所占画面的面积，峰值越高说明该明暗值的像素数量越多。

图 2–14 是曝光正确时的照片及其直方图，图 2–15 是曝光过度时的照片及其直方图，图 2–16 是曝光不足时的照片及其直方图。

许多数码照相机在取景时候就能够看见实时直方图，也有许多数码照相机在查看拍摄得到的图片时，能查看到直方图，通过直方图的横轴和纵轴我们可以清楚地来判断拍摄的照片或者正在取景的照片曝光情况，

图 2–16 曝光不足

它给我们的拍摄曝光控制带来了极大的方便。

3. 曝光“宁欠勿过”

黑白摄影对明暗层次、景物反差的控制要求更高，而数码照相机拍摄时，由于数码照相机的影像传感器感光宽容度较小，特别是画面中的高光部位，稍有不慎的曝光过度，画面中的高光部位层次将永远消失，无论使用什么调节手段，都无法再现这部分的层次、质感。（图 2–17）

而画面中曝光不足的部位的景物层次，在图像处理软件中提高其亮度，仍可以再现部分层次与质感。（图 2–18）

因此，在拍摄数码黑白照片时，曝光“宁欠勿过”，有利于画面层次与质感的表现，同时曝光的减少也有利于减少光渗现象，提高成像的清晰度，加强景物质感的表现。

4. 梯级曝光法的运用

传统胶片黑白摄影中，对景物层次质感的表现极大程度上依赖于曝光的精准控制与高超的放大制作技术，但是对于反差极大的被摄对象，其亮暗反差远大于黑白胶片的宽容度时，在黑白摄影中任你技术水平再高，有时也无能为力，此时只能根据拍摄者创作表现的需要，将画面中主体的层次与影调最佳地表现出来。

图 2–17 曝光过度，亮部层次损失，无论如何调节都不会再现

图 2-18 曝光不足，图像处理时提高其亮度，仍可以再现部分层次与质感

为了获得不同的曝光表现效果以及获得更为直观准确的曝光，我们通常采用"梯级曝光法"，对同一场景拍摄多张曝光不同的照片，这样在后期制作时就会有极大的选择余地。

在用数码照相机拍摄制作黑白照片时，其影像传感器的宽容度比黑白胶片要小，在拍摄反差极大的景物时，想将景物中极亮和极暗部位的层次都表现出来，表现丰富的层次与影调，就更加无能为力了。此时使用"梯级曝光法"对同一景物多拍摄几张照片，同样可以获得更为直观精准的曝光，为表现效果提供更多的选择余地，为数码后期制作时景物各个部位的层次表现奠定基础。

第三节 彩色照片转黑白的处理

通过数字的方式获得的照片绝大部分是彩色数码照片，这些彩色照片都可以在计算机图像处理过程中，转变成黑白数码照片，很多表现一般的彩色照片转变成黑白照片后能表现出独特的艺术魅力，彩色数码图像转变成黑白数字图像的方式很多，在制作与转换过程中应根据具体情况选择合适的彩色转黑白的方式，不同的转换方式对照片层次的再现、影调的表现、反差的控制等具有不同的影响，下面我们对每种转换方式进行具体的探讨，并对彩色转换成黑白的效果进行比较。

1. 利用图像的灰度模式进行转换

(1)在 Photoshop 中打开彩色图片。

(2)点击"图像→模式→灰度"，彩色照片可直接转换成黑白照片。(图 2-19)

2. 把图片转换成 lab 模式后，删除 a 和 b 通道，然后再把图片转为灰度图

(1)在 Photoshop 中打开彩色图片。

(2)点击"图像→模式→Lab 颜色"。(图 2-20)

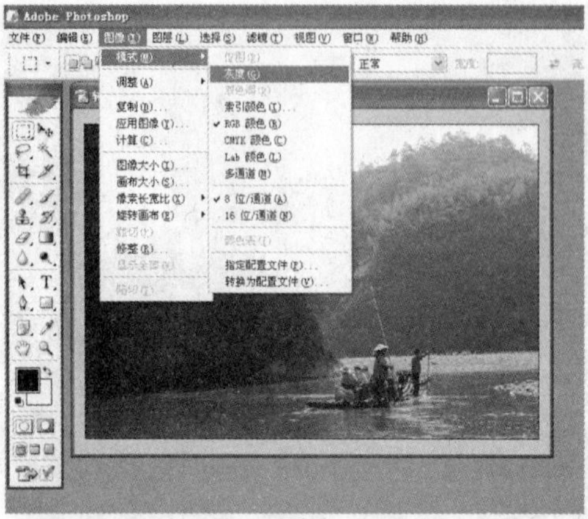

图 2-19 利用灰度模式将彩色图像转变成黑白图像

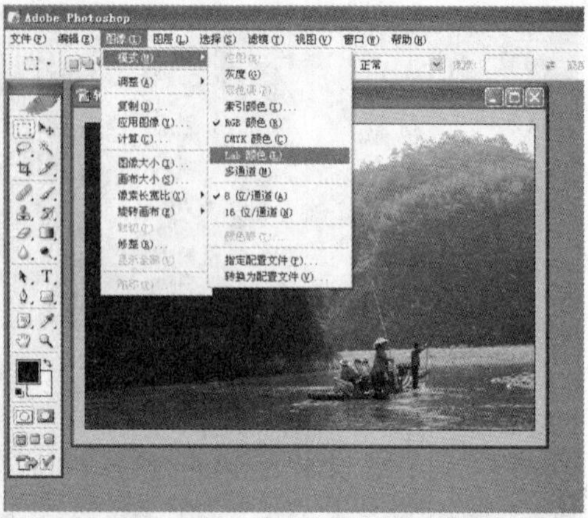

图 2-20 利用 lab 模式将彩色图像转变成黑白图像

图 2-21 将 a 和 b 通道删除

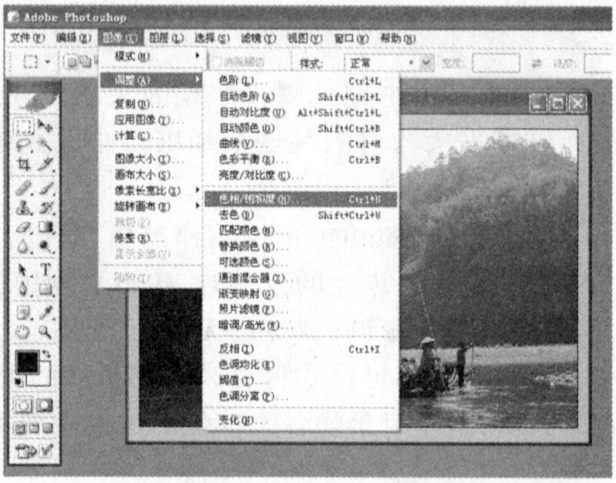

图 2-22 利用“色相 / 饱和度”将彩色图像转变成黑白图像

(3)打开通道调节对话框，在通道对话框中将 a 和 b 通道删除，彩色照片就可以转换成黑白照片。(图 2-21)

3. 利用调整色相/饱和度进行转换

(1)在 Photoshop 中打开彩色图片。

(2)点击“图像→调整→色相/饱和度”。(图 2-22)

(3)弹出色相/饱和度调节对话框，在对话框中将饱和度滑块调节到最左边，即饱和度调节为最低值-100，

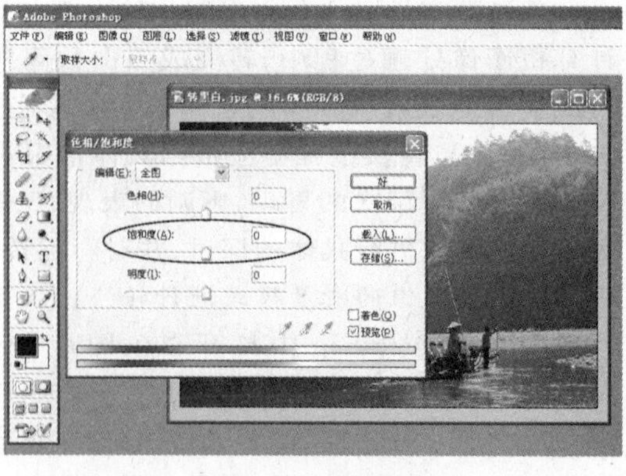

图 2-23 调节饱和度

按“确定”后，彩色照片就转换成黑白照片。（图 2–23）

4. 使用去色处理进行转换

（1）在 Photoshop 中打开彩色图片。

（2）点击“图像→调整→去色”，或按 Ctrl+Shift+U 键，彩色照片可直接转换成黑白照片。（图 2–24）

5. 选取 RGB 通道之一进行转换

（1）在 Photoshop 中打开彩色图片。

（2）打开通道调节控制对话框。（图 2–25）

（3）选择单独一个通道时彩色照片就会转变成黑白照片，且选择不同的通道时黑白照片的影调结构不同，如图 2–26、图 2–27、图 2–28，分别是选择红、绿、蓝色通道时的黑白照片的影调结构。在实际转换时应根据画面的整体效果和各部分层次表现的需要选择合适的通道进行转换。

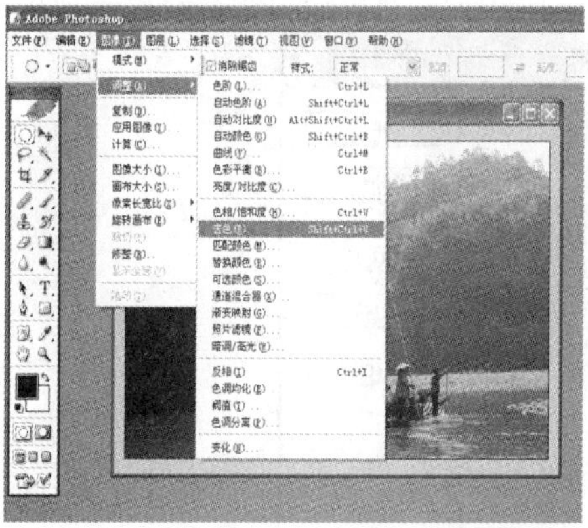

图 2–24 利用去色将彩色图像转变成黑白图像

图 2–25 利用 RGB 通道之一将彩色图像转变成黑白图像

图 2–26 选择红色通道后的影调结构

图 2–27 选择绿色通道后的影调结构

图 2-28 选择蓝色通道后的影调结构

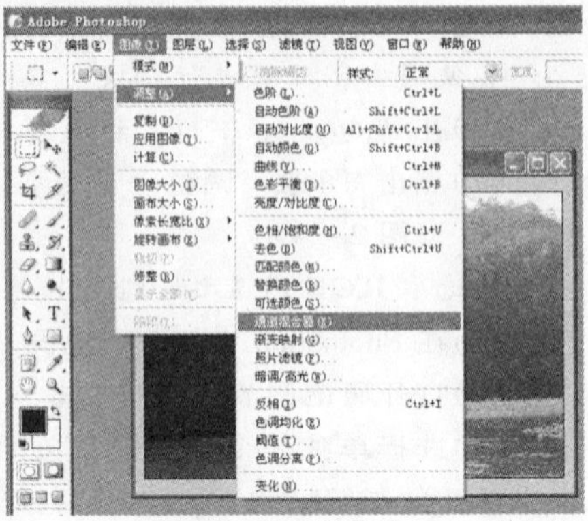

图 2-29 利用通道混合器将彩色图像转变成黑白图像

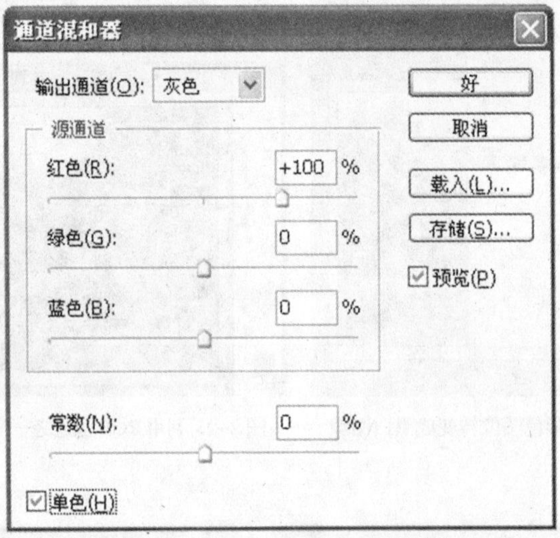

图 2-30 调节通道混合器

6. 使用通道混合器进行转换

(1)在 Photoshop 中打开彩色图片。

(2)点击“图像→调整→通道混合器”。(图 2-29)

(3)打开通道混合器调节控制对话框,并在对话框中勾选单色前的方框,彩色图片就转变成黑白图片。(图 2-30)

(4)调节对话框中的红色、绿色、蓝色和常数滑块,可以使照片的影调出现丰富的变化,仔细地调节几个滑块可以获得影调较为理想的黑白照片。(图 2-31、2-32、2-33)

图 2–31 调节红色通道后的效果

图 2–32 调节绿色通道后的效果

图 2-33 调节蓝色通道后的效果

7. 使用渐变衍射进行转换

(1)在 Photoshop 中打开彩色图片。

(2)将前景色设为纯黑色,背景色设为纯白色,点击“图像→调整→渐变衍射”。(图 2-34)

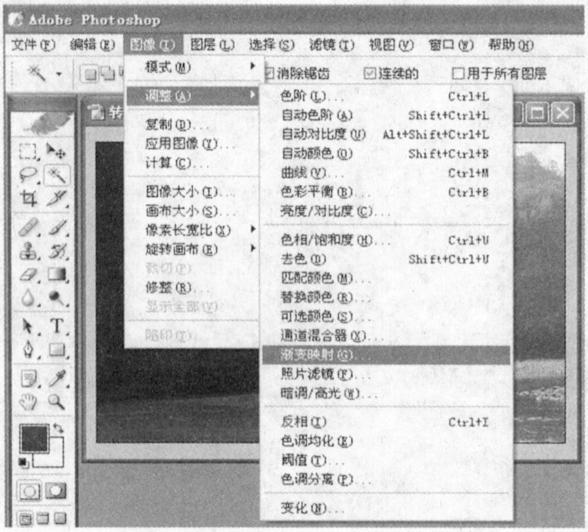

图 2-34 利用通道混合器将彩色图像转变成黑白图像

（3）打开“渐变衍射”调节控制对话框（图 2–35），并在对话框中点击灰色渐变条，弹出渐变编辑器对话框（图 2–36），在渐变编辑器对话框中调节色标滑块，黑白照片的影调会出现变化，仔细调节可以获得影调较为理想的黑白照片。

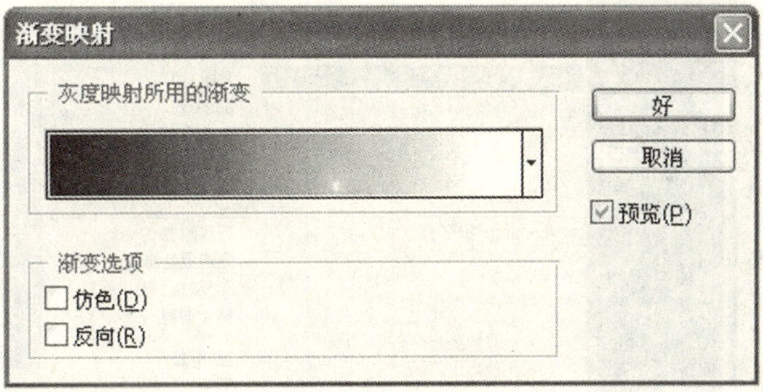

图 2–35 点击“灰色渐变”条

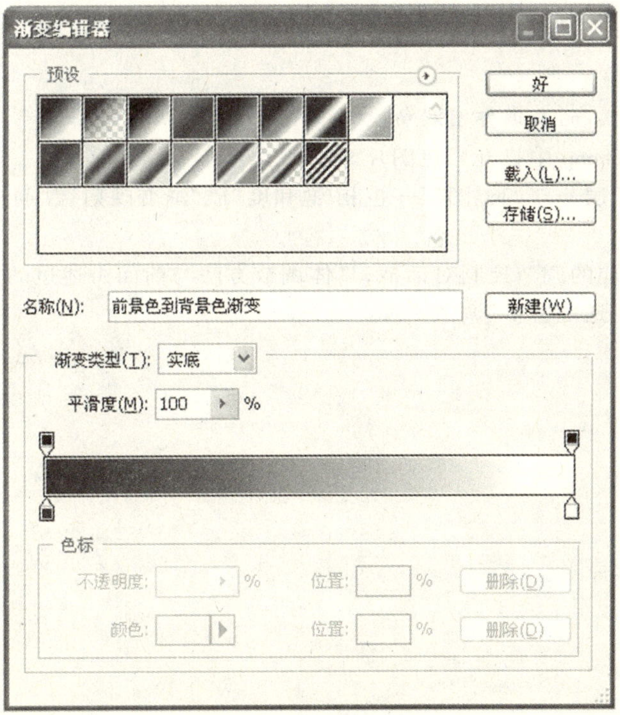

图 2–36 调节色标滑块

图 2-37 利用"图层"的新调整图层功能将彩色图像转变成黑白图像

8. 利用"图层"的新调整图层功能

(1)在 Photoshop 中打开彩色图片。

(2)点击"图层→新调整图层→色相/饱和度"或"渐变映射"、"通道混合器"。(图2-37)

(3)弹出响应的调节控制对话框,具体调节方法与前面讲述过的"色相/饱和度"、"渐变映射"、"通道混合器"调节一样。

3 第三章

数码黑白照片的基本处理

传统暗房放大制作黑白照片需要很强的技术，工作环境阴暗、潮湿、闷气，制作一张照片需要很长时间。长期在这样的环境条件下工作对身心是一种伤害，而且暗房制作特技效果照片更加耗时耗力，成功率极低，有时要制作自己需要的照片效果需要连续工作几个星期，甚至几个月，需要浪费若干张中间制作片、试放相纸等，现在看来令人望而生畏。

数码摄影的许多优点，在后期的制作处理过程中才能得到充分的体现。利用计算机和图像处理软件来编辑处理图像，计算机能对图片进行随意性的编辑处理、编辑处理图像的成功率高、精度高、编辑处理图像直观形象、反复性、多样化等，充分体现出数码影像制作的优越性。

在数码影像处理软件中许多传统暗房特技制作效果只需数秒钟便可完成，用传统暗房放大方法无法实现的特技效果，在数码影像处理软件中变得轻而易举，数码影像处理制作丰富了人们的艺术想像力，拓展了人们的创造性思维，给摄影艺术的创造展示了一片崭新的天地。

第一节 黑白照片处理硬件、软件与文件系统

一、黑白数码影像处理的硬件要求

黑白数码影像处理的硬件主要是计算机，平时大家使用的最多是个人计算机，而在极为专业图像处理领域使用得最多的是美国苹果公司出品的 Macintosh 系列的 Mac 机，也叫苹果计算机。

用于数码黑白影像处理的个人计算机或 Mac 计算机的硬件配置要求不高，现代主流的计算机配置对处理一般的图像已经绰绰有余，当然配置越高，处理速度越快。

在计算机的配置中，对图像处理影响较大的因素包括以下几个方面。

1. 显示器

显示器对图像显示的效果体现在显示图像的尺寸大小、图像的显示精细程度、显示色彩与层次的还原表现等方面。

显示器显示图像的尺寸大小、显示精度只影响我们在处理图片时观看的舒适度和操作的方面程度，如显示屏尺寸越大，我们在处理图像时看得越舒服，显示的图片面积越大，越不需要滚动显示；显示精度越高，则在放大显示图片时越清楚。它对最终输出的图像文件以及图像照片没有影响，因此，在配置显示器的时候不必苛求这个方面的性能，一般够用就行。

显示器对图像色彩、反差、层次等方面的表现直接关系到输出阶段的效果，最为理想的效果就是显示器上看到图片效果与打印或冲印输出的色彩效果一致，如果不一致就会直接影响我们在图像处理时对影像的明暗、反差、色彩的调节。一般优秀的显示屏色彩亮丽、黑白灰色纯正、图像还原正确，不过精准的色彩、反差、层次还需要依赖于色彩管理系统的显示屏矫正。

2. 中央处理器 CPU

CPU 是计算机的“心脏”，其性能直接决定计算机的运行速度，计算机内部的运算处理都是由 CPU 进行的，在图像处理的过程中存在大量的运算，特别是处理尺寸较大的图片时，其运算量更大，性能强劲的 CPU 的处理速度比较快，现代高端配置的计算机一般都配置了两个 CPU，即双核计算机，这样的计算机处理运算速度更快。

CPU 的主要性能指标是时钟频率，时钟频率越高，运行速度越快，现代计算机主流的 CPU 在 1.6G 以上，一些台式计算机的 CPU 已经做到了 3.5G。

如果经济条件有限，对图像处理速度要求不高，有足够的耐心等待计算机的缓慢处理，那也不必苛求过高配置的 CPU，因为它并不影响处理制作图片的技术质量。

3. 内存

内存是直接与 CPU 沟通，并存储数据的部件，它存放的是当前正在运行的程序和数据，它是硬盘和 CPU 之间的中转站，硬盘上的程序和数据必须通过内存供 CPU 处理，处理的过程和结果依赖于内存，并通过内存送回硬盘保存起来，如果内存不够大，这种中转就会很频繁、很吃力，甚至出现死机现象。

通常用于图像处理的应用软件比较大，运行它占用的内存较大，同时处理较大的图片时，数字图像本身占用的空间也比较大，如高级数字后背拍摄出来的数码照片，加上对数字图像处理的操作，如滤镜效果的使用等，同样需要很大的内存空间，因此专业图像处理的计算机对内存的配置要求比较高，如果配置得比较低，如内存在 256M 以下，在计算机处理较大的图片时，会经常出现死机，而内存只用于暂时存放程序和数据，一旦关闭电源或发生断电，其中的程序和数据就会丢失，这样如前面进行的图像处理操作没有及时保存的话，则会前功尽弃。一般情况下，主要用于图像处理的计算机，其内存配置应在 256M 以上，多多益善，内存越大，计算机运行处理的速度会越快，多任务处理的能力也越强。

4. 硬盘

硬盘的性能与数字图像处理的质量无关，它最主要的性能指标是其存储空间，现在主流的计算机硬盘空间一般在 40G 以上，这样的硬盘空间已经足够用于处理图片了，但是随着数码照相机像素的不断提高，数码照片占用的空间越来越大，一些高质量的数码照片能达到 200M 的以上。如果想在计算机中存储更多的照片，硬盘的空间也是多多益善，现在硬盘最大的已经能够做到 200G 以上，而且价格却没高出很多，值得人们去考虑配置。

硬盘的另一性能指标是硬盘的速度，硬盘速度一般用“转速”来表示，如“5400转”、“7200 转”，转速越高，则硬盘存取数据的速度越快。

二、黑白数码影像处理软件

用于平面设计的数码影像处理软件较多，如 Adobe Photoshop、Corel Painter、Coreldraw、Illustrator、PageMaker 等。在众多图像处理软件中，Adobe 公司推出的专门用于图形、图像处理的软件 Photoshop 以其强大的功能、集成度高、适用面广和操作简便而著称于世。它不仅提供强大的绘图工具，可以直接绘制艺术图形，还能直接从扫描仪、数码相机等设备采集图像，并对图像进行修改、修复，调整图像的色彩、亮度，改变图像的大小，而且还可以对多幅图像进行合并增加特殊效果，同时可以改变图像的颜色模式，能在图像中制作艺术文字等。Photoshop 的发展经历了 5.0、6.0、7.0、CS、CS2 等版本，以 PHOTOSHOP CS 为例，其安装方法如下。

将包含有 Photoshop 软件的光盘插入光驱中，或打开 Photoshop 安装文件，在 Windows 环境下执行该软件的安装程序“Setup.exe”，此时，安装程序将显示出安装界面，并检查用户系统情况，为下一步安装作准备。

单击“下一步”按钮，接受使用该软件时应遵守的协议，根据安装提示，输入个人信息，如姓名、公司、软件序列号等，确认输入信息是否正确，得到确认后，点击“下一步”或“继续”就开始软件的安装拷贝过程，安装程序在拷贝文件的同时，还会以图文并茂的方式向用户介绍该软件的各项功能，在安装拷贝结束后，单击“完成”按钮，在完成之前还需要激活软件的使用，否则只能使用有限的几天。激活软件的使用同样是根据安装提示，输入正确的软件序列号和激活码，就能正确激活 Photoshop，正常使用 Photoshop 了。

正式使用 Photoshop 时，应对它进行一些基本设置，如高速缓存、内存使用情况、暂存盘等，这样可以提高 Photoshop 的工作效率。

设置时点击“编辑→预置→内存与高速缓存”或“增效工具与暂存盘”，弹出对话框（图 3-1、图 3-2），一般高速缓存级别设置到 8，内存使用系统内存的 85%以上，暂存盘与 PHOTOSHOP 安装软件不在同一个硬盘分区，这样设置后可以提高计算机处理图像的速度。

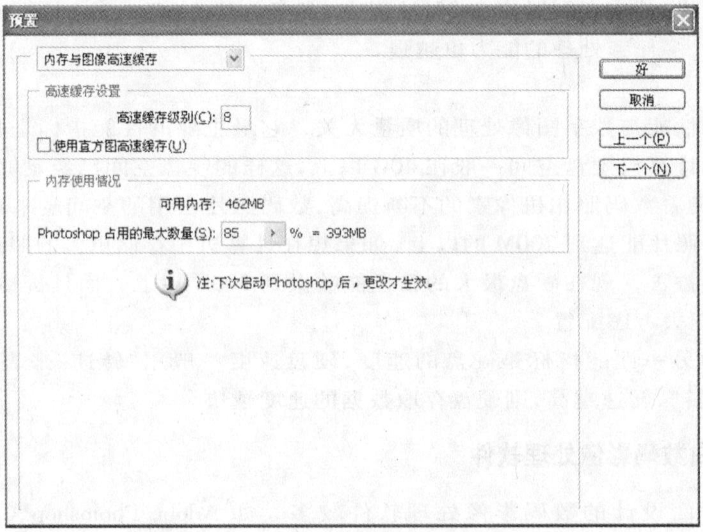

图 3-1 使用 Photoshop 时预置内存与图像高速缓存

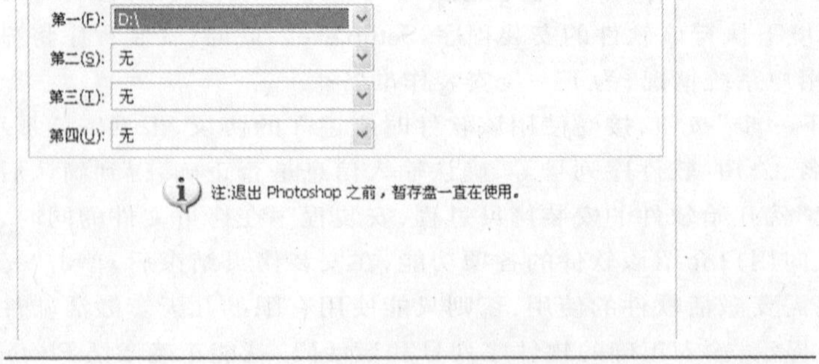

图 3-2 使用 Photoshop 时预置暂存盘

三、黑白数码影像处理文件格式

在进行黑白数码影像处理时必然会遇到文件格式的问题，利用 Photoshop 软件保存黑白数码影像时，可以保存的文件格式非常之多，但在处理数码照片影像时涉及的文件格式通常有“JPEG 格式”、“TIFF 格式”、“BMP 格式”、“PSD 格式”，其他的文件格式一般在照片处理中不常用。

1. JPEG 格式

JPEG 格式是 Joint Photographic Experts Group（联合图像专家组）的缩写，文件后缀为“.Jpg”或“.Jpeg”，是应用最广泛的图片格式之一，它采用一种特殊的有损压缩算法，将不易被人眼察觉的图像颜色删除，从而能够将图像压缩在很小的储存空间，图像中重复或不重要的信息会损失，会造成图像质量的下降。JPEG 格式是一种很灵活的格式，允许用不同的压缩比例对文件进行压缩，支持多种压缩级别，压缩比率通常在 10:1 到 40:1 之间，具有不同图像质量的选择控制。

在 Photoshop 软件中以 JPEG 格式储存时，提供了 0–12 级压缩级差，其中 0 级压缩比最高，图像品质最差，采用细节几乎无损的 12 级质量保存时，压缩比可达 4:1。一般采用第 8 级压缩为存储空间与图像质量兼得的最佳比例。

JPEG 格式的数码影像文件，每次使用图像处理软件修改图片并存储再为 JPEG 格式时，都会按照上次设定的压缩比进行重新压缩，因此每存储一次画面质量都会有所损失。因此需要重复进行图像的修改并保存时，最好不要使用 JPEG 格式，或将 JPEG图像暂时转换为 BMP 格式或 TIFF 格式，完成调整和修改后再重新保存为 JPEG 格式，这样就可以防止数码影像由于多次压缩而造成质量下降。

2. TIFF 格式

是由 Aldus 公司与微软公司共同开发设计的图像文件格式，意为带标记的图像文件格式（Tagged Image File Format），文件后缀为“.Tif” 或“.Tiff”。TIFF 图像格式是目前为最通用的图像文件格式，不会破坏任何图像数据，不会使图像的质量下降。它可以不压缩文件，也可以无损压缩地保存文件，但压缩比非常小，大约只有 2:1。

当使用 TIFF 格式保存图像时，可以选择使用 LZW 压缩。LZW 是一种无损压缩方式，在图像压缩时这种方式只删除一些无用的图像数据，所以它不会损失图像质量。

3. BMP 格式

BMP（Windows Bitmap）格式是微软开发的 Microsoft Pain 的固有格式，这种格式被大多数软件所支持。BMP 是标准的位图格式，文件后缀为“.Bmp”，使用极为普遍，它是没有经过压缩的数码影像文件，但图像文件数据量比较大。BMP 格式数码影像文件能被大多数软件接受，也是一种通用的图像文件格式。

4. PSD 格式

PSD 格式是 Photoshop 的固有格式，PSD 格式可以很好的保存层、通道、路径、蒙版以及压缩方案不会导致数据丢失，图像图层内的影像信息没有经过压缩，因此图像质量没有损失。但是，很少有应用程序能够支持这种格式，而且这种文件格式的文件占用的空间极大。

第二节 黑白照片的处理与制作过程

在进行数字图像处理制作之前，一个重要的操作就是备份原始影像文件，使用复制的影像文件进行制作，这样制作效果不理想时可以重新制作，可以制作若干不同的艺术效果，否则，稍有不慎就会导致原始图像的损毁而遗憾终身。

几乎所有的数码照片都需要进行基本的旋转、剪裁调节，亮度、对比度调节等，经过这些处理制作，能弥补拍摄时的缺陷，完善用光、构图、层次、影调等表现，增强照片的表现力，对与数码黑白照片而言对图片的调节体现在以下几个方面。

图 3-3 水平线倾斜的照片

一、画面旋转

拍摄数码照片时，稍不注意地平线或垂直线就会歪斜，地平线或垂直线歪斜照片给人不稳定的感觉，这是摄影构图的禁忌(图 3-3)，在处理照片时，必须通过旋转的方法，矫正照片的歪斜(图 3-4)。

图 3-4 倾斜矫正后的照片

画面旋转的操作主要通过点击“图像→旋转画布”，选择旋转的角度,如“180 度”、“顺时针 90 度”、“逆时针 90 度”、“任意角度”等。(图 3-5)

另外，如果使用度量工具，沿着本应是水平或垂直的线条拖动出一条度量线，然后击“图

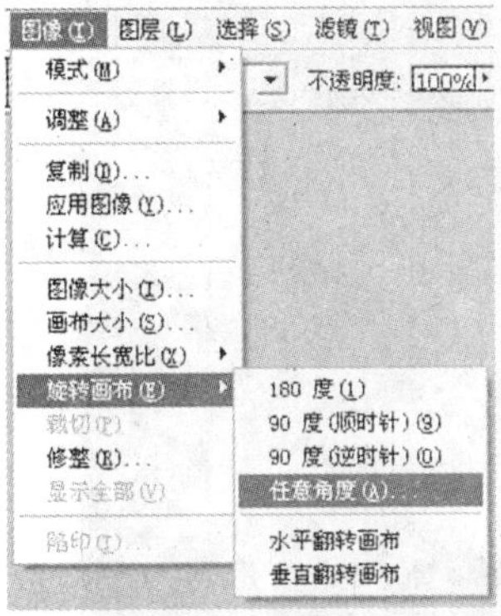

图 3-5 旋转画布

图 3-6 矫正画面倾斜

像→旋转画布→任意角度”，弹出的旋转画布对话框后，直接单击“确定”，可以准确地矫正画面倾斜。（图 3-6）

二、画面剪裁

剪裁是图像处理的基本操作，通过剪裁可以对前期拍摄的照片进行重新构图，以简洁画面、突出主体，使画面结构布局更加合理。图 3-7 为原照，图 3-8 为剪裁后的照片。

图 3-7 原照

图 3–8 剪裁后的照片

图 3–9 剪裁的方法之一

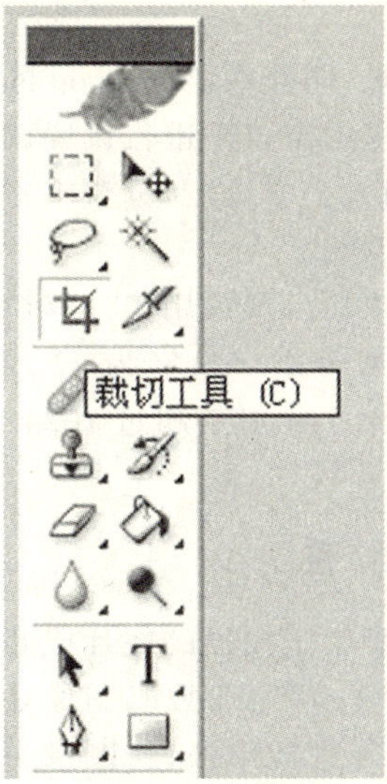

图 3-10 剪裁工具

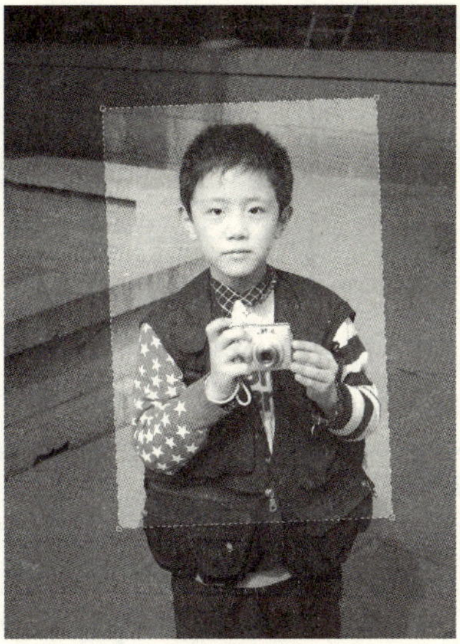

图 3-11 框选需要部分

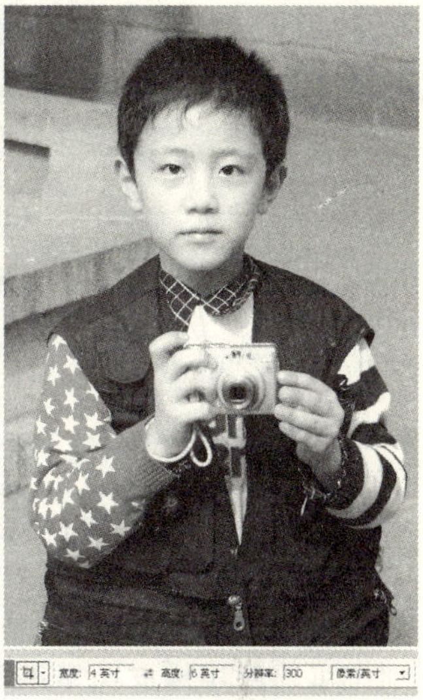

图 3-12 设置剪裁选项

剪裁的方法比较简单，只要将画面中需要的部分框选住，点击“图像→裁切”即可(图 3-9)。

图像的剪裁还可以使用剪裁工具（图 3-10），使用剪裁工具将需要的部分框选住，然后按回车键就完成了剪裁操作(图 3-11)。另外，在使用剪裁工具时还可以对剪裁选项进行设置(图 3-12)，这样设置后剪裁得到的图片就是 6×4 英寸、300dpi。

三、图像尺寸、分辨率

我们拍摄的图片都是以一定的分辨率和尺寸拍摄的，然而我们制作的图片需要以一定的大小和精度输出为照片，有时还需要在照片上添加边框、文字等内容以美化照片。因此在输出照片之前必须对图像的尺寸和分辨率进行调整，调整时主要根据图像输出的尺寸和品质调整图像的尺寸和分辨率。

在摄影创作投稿、参赛时，一般需要制作 10 英寸的照片，一张使用 Canon EOS 1DS 拍摄的 JPEG 格式的照片，在 Photoshop 中打开时的分辨率和尺寸分别为 72dpi 和 4072×2708，如果需要制作 10 英寸的照片参加摄影比赛，就必须在 Photoshop 处理软件中的“图像→图像大小”弹出窗口中进行设置调节，将分辨率设为 300 像素/英寸，文档大小的长边设为 10 英寸。(图 3-13)

我们的数码照片用于日常生活照片的冲洗时，一般冲洗 5 英寸或 6 英寸照片，我们同样可以在 Photoshop 的“图像→图像大小”弹出窗口中进行设置调节，将分辨率设为 300 像素/英寸，文档大小的长边设为 5 英寸或 6 英寸。另外，更好的方法是使用剪裁工具，在剪裁工具选项面板中，设置长宽为 5 英寸×3.5 英寸或 6 英寸×4 英寸，分辨率设为 300 像素/英寸，然后剪裁照片，这样获得的照片就是适合数码冲洗的 5

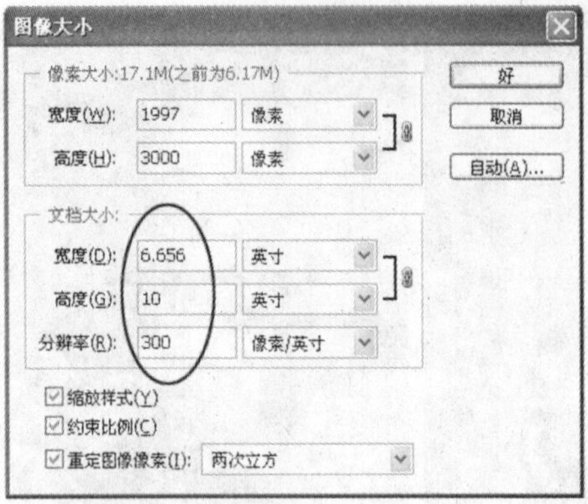

图 3-13 图像尺寸与分辨率设置

英寸或 6 英寸照片。

用于打印输出时，同样在 Photoshop 的“图像→图像大小”弹出窗口中进行设置调节，打印尺寸在文档大小中设定，分辨率一般设定为 150 像素/英寸。

我们的数码照片如果仅仅用于计算机或网上浏览时，一般分辨率设定为 72 或 96 像素/英寸，图像大小一般不超过 1024×768 像素。

四、局部细节的修整

图像的修补主要用于扫描的底片或照片上有划痕、灰尘、污迹等，在数码图像处理中可以使用橡皮图章等工具，对图像中的划痕、灰尘、污迹等进行修补，将图像中缺损部位的影调与色彩内容再现出来，但是修补工作必须耐心细致，而且缺损部位的面积不能过大，缺损部位太多将无法完整修补。这种方法在处理数码照片中人像的面部时也经常使用，可以将人物面部的斑、痣、皱纹等消除掉。在摄影艺术表现中，可以使用这种方法将画面中不需要的局部细节、瑕疵等消除掉，使摄影画面的表现更加完美。

图 3-14 是一张有划痕的人像照片，经过处理制作后照片如图 3-15，处理制作的主要方法是使用 Photoshop 的仿制图章工具。

图 3-14 划痕的人像照片

图 3-15 修整处理制作后照片

图 3-16

图 3-17

如图 3-16，画面中的电线对画面的视觉效果有极大的影响，可以使用橡皮图章将它消除掉。（图 3-17）

五、明暗与反差的调节

对黑白照片而言，调节照片的明暗与反差对图片中景物的层次、影调等有极大的影响，轻微的变化都会引起图片视觉感受和艺术表现力的变化。如图 3-18、图 3-19，视觉感受有极大的差异。因此，对画面的明暗、反差的调节与处理是黑白照片处理的基础。

图 3-18　明暗与反差的调节（一）

图 3-19　明暗与反差的调节（二）

对照片的明暗、反差调节操作较为简单，也正因为如此，对图片的调整往往被人们忽视，准确地把握和再现被摄景物的层次、影调，符合摄影作品内容和形式表现的需要，非一日之功，需要多看、多做、多比较。例如，在为参加比赛制作黑白照片时，可以根据自己的偏好以及画面表现的需要，调节合适的明暗与反差并输出照片，然后再将照片的反差与明暗适当地提高或降低，多输出几张照片，将这些照片进行比较，可以选择出更好的照片，同时也可以积累图像明暗与反差调节的经验。

1. 显示屏的校正

图像的亮度、对比度、整体影调等调节必须建立在计算机的显示屏已经经过校正的基础上，否则计算机显示屏本身的明暗、反差会直接影响我们在图像处理软件中对影像的调节，例如计算机显示屏的反差偏高，我们如果按照计算机屏幕显示的图片效果将图片反差调节得较为满意，则该图片在正常的显示屏上显示出来则会反差偏低。

因此，我们在进行影像的明暗、反差等影调调节前，必须先调节计算机的显示屏，使其反差、亮度、色彩正常，标准的做法是进行色彩校正，但是色彩校正必须依赖于专用的仪器设备，我们也可以利用计算机显示屏默认的设置直接输出打印或扩印照片，然后将输出的照片与计算机显示屏上图像处理软件中打开的图片进行比较，并通过调节计算机显示屏的设置对显示的图片进行调节，尽量保证输出的照片与屏幕显示的图片在明暗、反差、色彩等方面保持一致，这样我们的后期调节才有意义。如果不能确保屏幕显示的正确，对图片的亮度、对比度等调节只能进行粗略的调节，不能以屏幕上看到的满意度为准。

2. 照片明暗、反差的调整

PHOTOSHOP中对图像的调整方法极多，通常有“色阶”、“曲线”、“亮度/对比度”等，他们对图片的亮度、对比度、整体影调等调节各有特点，我们应根据个人的习惯和实际调节需要，选择一种方法进行调节，一般不需要每种方法都使用。

(1)亮度/对比度调节。

在 Photoshop 中打开图片，点击菜单中的“图像→调整→亮度/对比度”调节，弹出“亮度/对比度”调节对话框(图 3-20)，调节亮度和对比度滑块，预览图片的亮度和对比度的变化，直到满意为止。

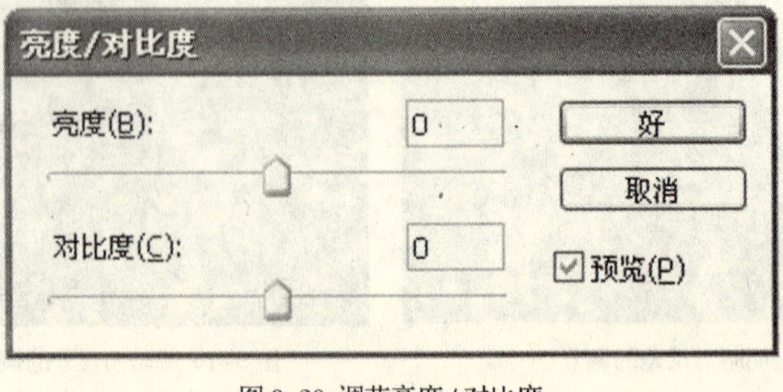

图 3-20 调节亮度 / 对比度

(2)曲线调节。

在 Photoshop 中打开图片,点击菜单中的“图像→调整→曲线”,弹出曲线调节对话框(图 3–21),调节曲线的形状,预览图片的影调的变化,直到满意为止。同时在进行曲线调节时,应注意不同的曲线形状对图像的明暗、反差、影调和层次具有不同的影响,图 3–22、3–23、3–24、3–25、3–26 是典型的几种曲线形状,每种形状的曲线对图像的影调有不同的影响。

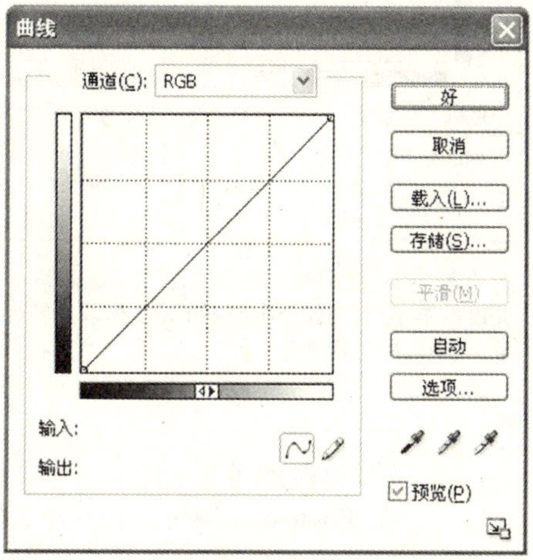

图 3–21 曲线调节对话框

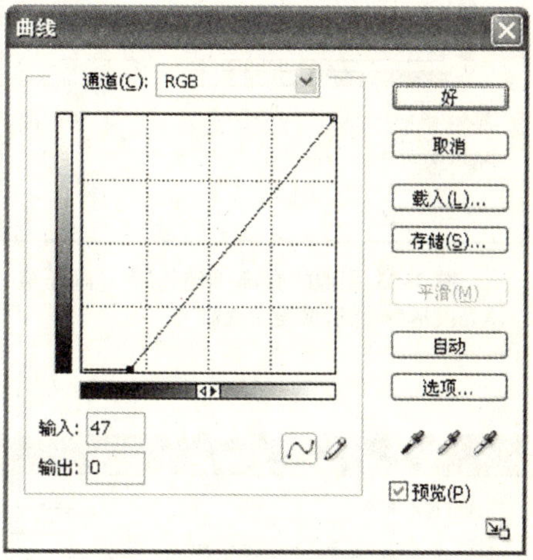

图 3–22 图像的暗部层次会损失,画面整体亮度降低,反差变大

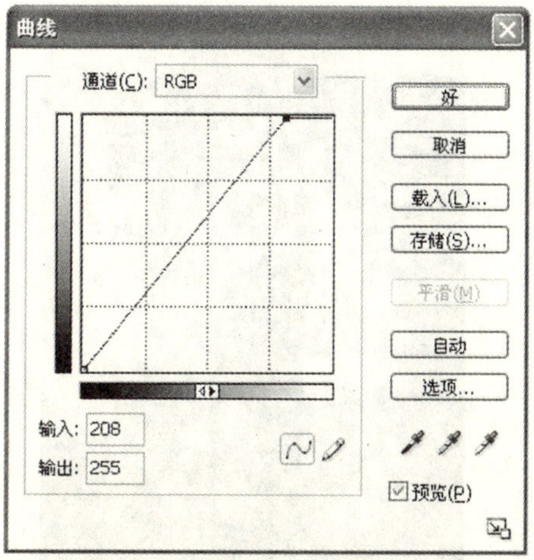

图 3–23 图像的亮部层次会损失,画面整体亮度提高,反差变大

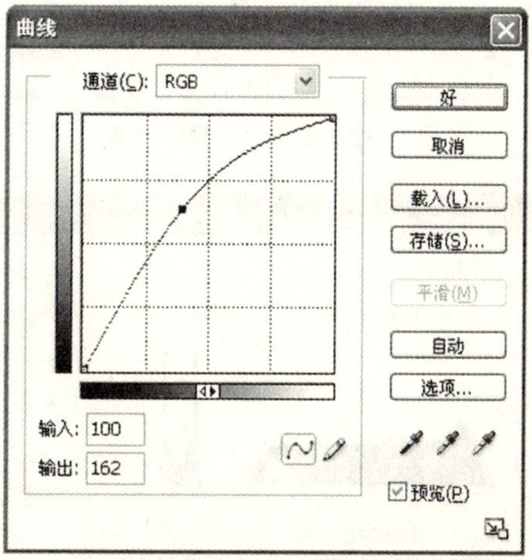

图 3–24 图像的亮部和暗部层次基本不变,画面整体亮度会提高

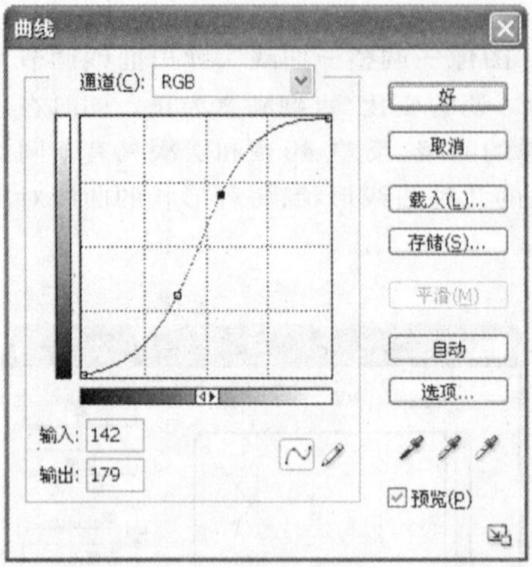

图 3-25 图像的亮部、暗部层次及画面整体亮度基本不变，反差会提高

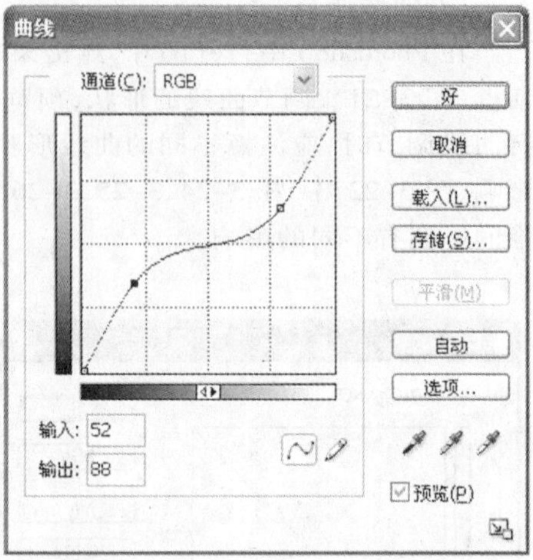

图 3-26 图像的亮部、暗部层次及画面整体亮度基本不变，图像会出现不正常的微弱反转现象，调节时应尽量避免

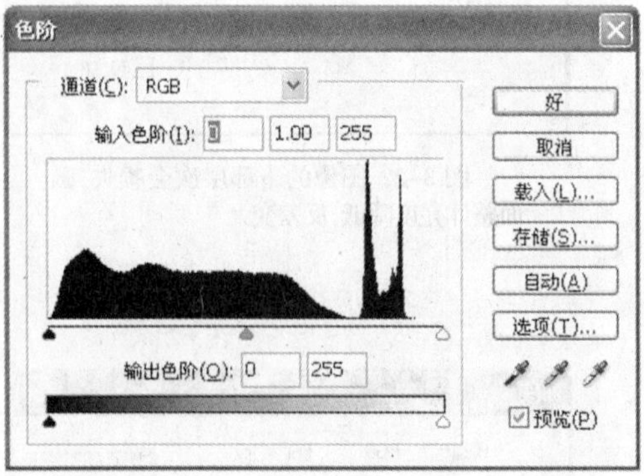

图 3-27 色阶调节对话框

（3）色阶调节。

在 Photoshop 中打开图片，点击菜单中的“图像→调整→色阶”，弹出“色阶”调节对话框（图 3-27），调节输入色阶的三个滑块的位置，预览图片的影调的变化，直

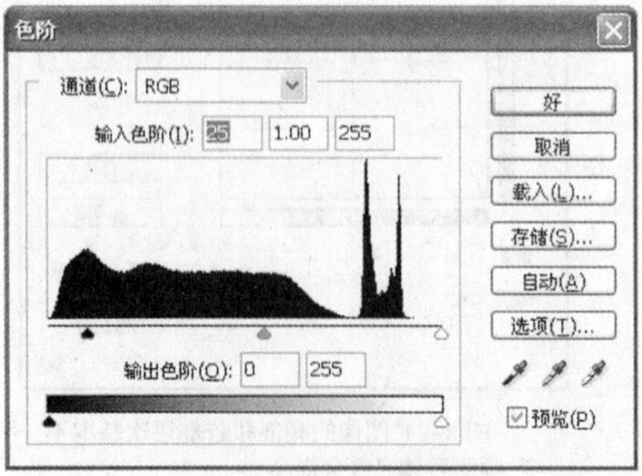

图 3-28 向右调节左滑块

图 3-29 暗部影调损失多

到满意为止。

同时在进行色阶调节时，应注意每一个滑块调节的意义。左滑块决定着暗部影调，越向右调节，暗部影调的损失就越多。（图 3-28、3-29）

右滑块决定着图像亮部的影调，越向左调节，画面中亮部的层次损失就越多。（图 3-30、3-31）

一般右滑块的调节以色阶图中最右边有高低起伏的位置为度，此时的调节，画面中的亮部层次不会有损失，图 3-29 中的天空仍有层次变化。

右滑块的调节低于色阶图中最右边有高低起伏的位置时（图 3-32），画面中的亮部层次一定会损失，图 3-33 中天空的层次损失了。

中间滑块决定了画面整体影调的亮暗，其调节一般不会使画面亮部或暗部的层次损失。

在进行图像的亮度、对比度、层次、影调等调节时，最方便、有效的方法就是色阶调节，在实际调节时可以将几种方法进行综合运用。

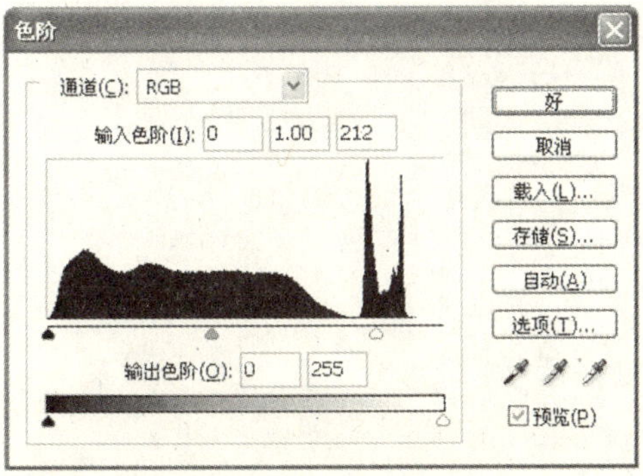

图 3-30 向左调节右滑块

图 3-31 亮部的层次损失多

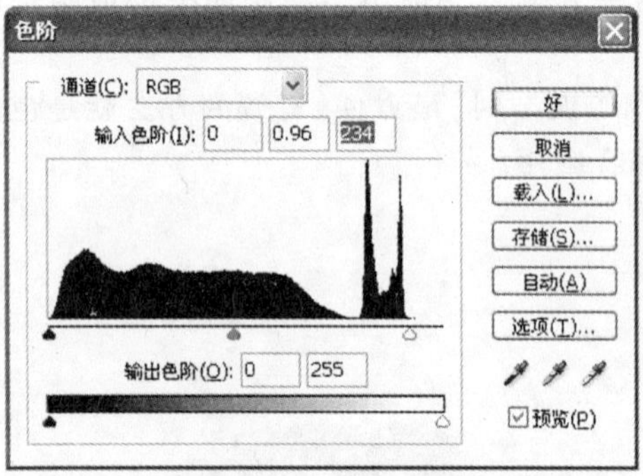

图3-32 右滑块低于最右边位置

图3-33 损失天空的层次

六、照片的锐化处理

经过上述处理后，一幅数码照片的制作就基本完成了，但是制作好的数码影像通常不够明晰，照片看起来总有些“黏糊”，因此照片的处理操作完成之后，可以对照片进行锐化处理，这样可以使照片更加清晰锐利，同时还能增强照片的质感表现。

4 第四章
数码黑白照片的输出

在计算机中处理制作好的黑白图像必须输出为照片才有意义，目前数码照相机拍摄的彩色照片都可以通过数码激光冲印或打印的形式制作成层次丰富、色彩艳丽的照片，完全能够满足人们日常生活和专业摄影对照片输出的要求，而且制作效果比传统胶片冲洗、彩色扩印与彩色放大的照片更为精彩，而利用数码激光冲印和打印的方式输出黑白照片，与传统黑白胶片拍摄，暗房冲洗、放大制作相比，其输出的黑白照片品质也非常精彩出色，只是制作技术以及照片输出设置技术对黑白照片表现的效果有极大的影响，同时数码制作输出的黑白照片与传统暗房洗印出的黑白照片在层次、反差、质感、颗粒感等方面的视觉感受还有些差异，总是存在一些“数码味”，不过随着数码技术的发展，以及人们对数码影像的视觉适应，这种差异将会越来越小，被人们忽略。

第一节　数码激光冲印输出黑白照片

数码激光冲印是让计算机处理的图像文件信息通过激光在银盐相纸上曝光，然后使用传统彩扩的冲洗工艺冲洗输出照片。伴随着数码照相机的迅速普及和飞快发展，数码冲印服务项目已成为影像界新的亮点，同时又因为有了数码冲印的支持，数码照相机进一步拓展了可观的市场销量。

一、数码冲印的特点

目前，数码冲印技术非常成熟，其冲印照片的效率和质量远超过传统的彩色扩印和各种方式的照片打印。数码冲印的优势集中体现在以下几个方面。

1. 良好的兼容性

数码激光冲印几乎可以兼容各种存储介质，无论是软盘、硬盘、光盘，还是CF卡、记忆棒上的数码图像，都可以进行数码冲印。另外，对于传统相机拍摄的胶卷，它依然可以先通过底片扫描设备扫描，然后再进行数码冲印。可以说，数码冲印能够在存储方式和输出方式之间实现数码和传统的任意转换。

2. 相对成本较低

与打印机输出照片相比，数码冲印照片的成本可以算是比较低的。一张6寸照片的数码冲印价格为1.2元左右，成本不到喷墨打印机打印相同尺寸照片的一半。与传统胶片摄影的照片扩印相比，数码冲印的价格也同样具有竞争力，目前市场上一卷胶卷的费用加上冲洗费用大概在42元左右，而冲洗同样数量和尺寸数码照片的费用在43元左右。但是在使用传统胶片照相机拍摄时，不具有“即拍即显”功能，必然会有一定数量的照片存在质量问题，这些照片只能在冲印成照片后才能被发现，这样必然会造成一定的浪费，提高每张照片的实际冲印成本。而数码冲印则可以在计算机中进行仔细调节与筛选，确保照片的质量。因此，数码冲印的综合成本要低于传统彩扩。

3. 图片质量过硬

数码激光冲印的照片在色彩、层次、清晰度等方面均已经达到了极高的水平，冲洗出来的照片质量是目前顶级照片打印机和传统彩扩所无法超越的。

4. 黑白感觉纯正

数码激光冲印输出黑白照片时，获得的照片黑白分明，纯正得没有丝毫的偏色感觉，与传统暗房手工冲洗出来的黑白感觉几乎一致。

5. 丰富的后期处理

数码冲印前，可以利用计算机对照片进行各种调节和处理，可以对照片的整体或局部进行色彩、亮度、对比度、清晰度的调节，可以对人像面部斑点、景物中杂乱的内容等进行修正，可以用“移花接木”、“改头换面”的手法进行景像合成、更换背景等特殊效果的创作，能达到以假乱真的境界。同时还可以进行标题照片、月历、贺卡等个性化的摄影设计。

6. 方便的网络冲印

随着网络的普及和电子商务的发展，互联网上出现了许多数码冲印店，人们只要将数码影像文件通过网络传输给网上冲洗店，并支付相关的费用，则冲洗店就会将收到的数码文件冲洗成照片邮寄给消费者。这种“宽带+数码冲印+电子商务”的网络经营与消费模式，可以使人们足不出户就能享受到快捷与高质量的数码冲印服务。

二、数码激光冲印的应用

目前数码激光冲印已经比较普及，随处可见数码冲洗店，我们平时拍摄的数码照片在冲洗时一般有两种方法。

一种是什么都不管，将数码照相机的存储卡送到数码冲洗店，将文件拷贝到计算机，然后选择需要冲洗的照片，并指定需要扩印照片的尺寸和张数，支付相应的费用，一段时间后就可以拿到照片。这种方法一般是不懂计算机图片处理的大众消费者采用，人们只管拍照、付费、取照片，至于数码照片的调节、剪裁等是由数码冲印工作人员根据自己的经验进行调节、剪裁。其实消费者如对调节、剪裁有特别的需要，可以坐在工作人员的身边，看着他进行调节，直到自己满意为止。

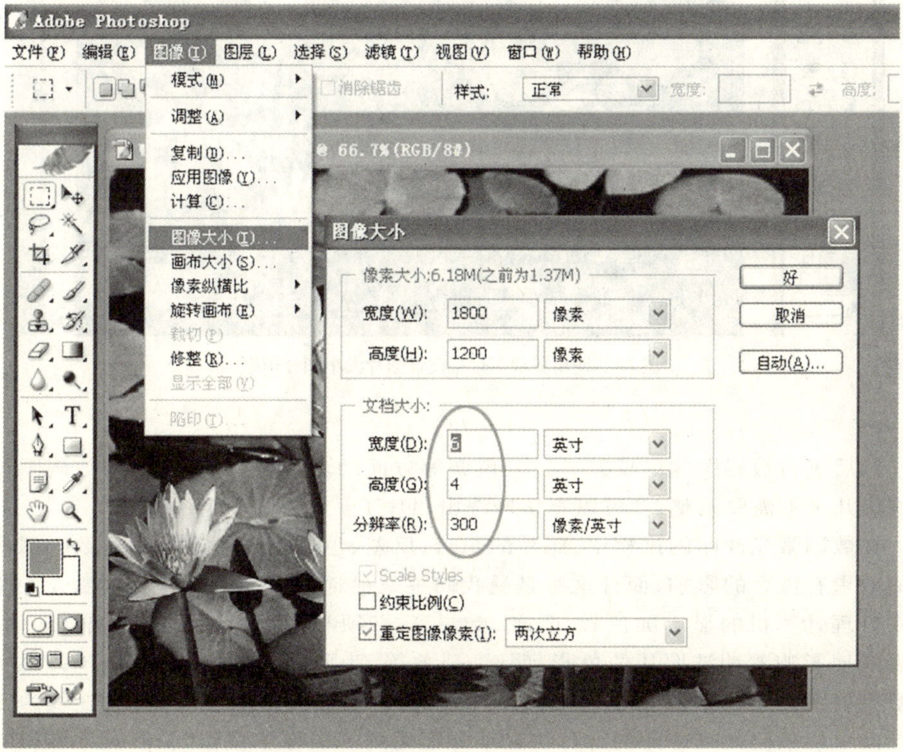

图 4-1 照片文件在扩印前的尺寸设置

另一种方法是自己将数码图片处理制作好，然后送数码冲洗店扩印。在自己处理数码照片时，应注意处理出的图片与数码激光冲洗时的图片标准一致，数码处理对图片的要求体现在图片的分辨率和扩印尺寸上，一般数码冲印的分辨率为300dpi，尺寸根据自己的需要来进行调节，如扩印6英寸的照片时，对图片的调节可以在Photoshop中的“图像→图像大小”中进行调整（图4–1）。也可以使用图片剪裁工具来进行（图4–2）。

图4–2 使用剪裁工具来设置图片大小和分辨率

然后进行数码图像的反差、层次、色调等方面的调节，这样制作后的数码图片在冲洗店几乎不需要调整，就可以直接冲洗出照片了。

在数码激光冲印的过程中，照片的明暗、反差、色调等的调节控制对数码照片冲印的效果有极大的影响，而且这些是受我们主观视觉感受的影响；同时，激光冲印系统中处理计算机的显示屏色彩、明暗、反差等，必须与冲洗出来的照片完全一致，这也客观地影响着冲洗照片的色彩、明暗、反差等，为此，数码激光冲印系统的显示屏一般都经过严格的色彩矫正，并通过专用的软件与硬件进行色彩管理，在较为客观的层面上使数码激光冲印的计算机显示屏上见到的图像尽量做到“所见即所得”，这样才能真实地还原处理制作的照片。

如果自己的计算机显示屏与冲洗店的显示屏经过了较为精确的色彩管理矫正，则可以直接冲洗出照片，不需要做任何调节。如果没有经过色彩管理的矫正，则还必须在冲洗店的计算机上对数码图片的亮度、对比度和色调进行调整，然后再输出照片，否则会出现偏色或亮度、对比度不理想等情况，建议专业摄影师或精通图像处理制作的摄影师采用这种方法。

在利用这种方法输出黑白照片时，原理与彩色是一样的，利用这种方法输出的黑白照片影调纯正、黑白分明、层次丰富，效果极为理想，现在一些收藏机构已经开始收购数码激光冲印出来的黑白摄影作品，由此可见其品质已经达到了收藏级别，应用于我们平时的黑白摄影创作更是绰绰有余了。

第二节 打印机输出黑白照片

打印机输出照片是现代家庭、办公、专业影像行业输出照片的重要形式，用打印的方法输出黑白照片只是打印功能的一个方面，这种方式输出照片方便快捷，而且输出照片的品质越来越高，几乎达到了数码激光冲印的水准，因此打印输出照片得到了迅猛的普及。

一、打印机的种类

用打印机打印照片是数码照片的一种输出方式，不同的打印机输出照片的质量和风格不同，打印机的种类很多，一般用于照片输出的打印机有：彩色喷墨打印机、热升华打印机、激光彩色打印机。

1. 彩色喷墨打印机

彩色喷墨打印机是最常见的照片打印设备，它通过一系列喷嘴，将基于染料或者颜料的彩色墨水微量地喷射到纸张之上。它可以使用普通纸打印，但是需要打印高质量的照片，一般需要使用专用照片打印纸打印，此时耗材价格较高。如今，照片质量的喷墨打印机可以到达 2880dpi 的分辨率，足以打印清晰的、色彩鲜艳、层次过渡优秀的彩色照片。许多打印机还提供七种不同的墨水，这可以提高打印效果中色彩过渡的平滑性。喷墨打印机价格便宜，一般打印 A4 尺寸的普通喷墨打印机几百元就能买到，它是主流数码打印机中最为便宜的一类。喷墨打印机型号齐全，品质高低不等，可以打印各种尺寸的数码照片，如普通 A4 尺寸，A3 尺寸，以及 61cm 宽、1 米以上宽、无限长度的打印尺寸，具有完美的各级数码照片打印质量，有些已经能够与数码扩印的照片媲美。

彩色喷墨打印机打印速度快，低噪音，高清晰度，并能以普通纸为图像载体等优点，受到人们的青睐，许多专业摄影师已经完全使用专业彩色喷墨打印替代传统的照片冲洗和数码激光冲印照片，成为专业摄影师必备的照片输出设备。

目前，在家庭、办公以及专业图像输出领域遍布了彩色喷墨打印机的身影，如 Epson Stylus Photo 700、710、750、810、830、900、950、1200、2100 等，Epson Stylus Pro4000、7600、9600、10600 等，佳能的 Canon Pixma ip 6000D、ip5000、ip8500、ip

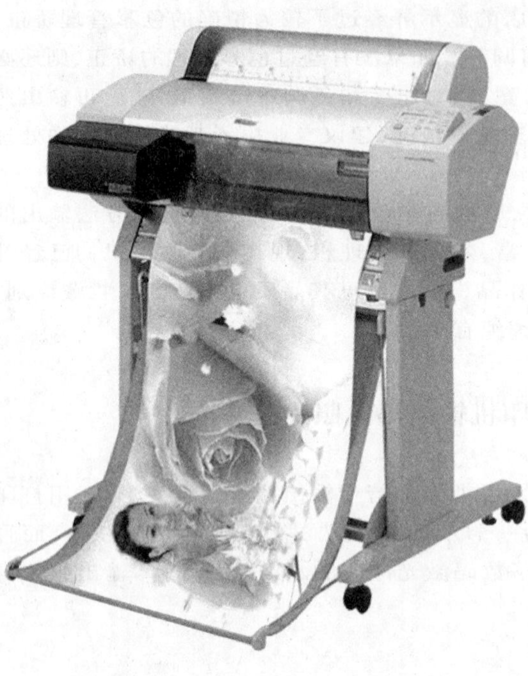

图 4–3 Epson Stylus Pro 7600 彩色喷墨打印机

4000、ip 3000、ip 2000、ip 1500、ip 1000 等，Canon W6200、W7200、W8200 等，CANON i6100、i6500、i9950 等。另外，彩色喷墨打印机具有许多其他功能，如可以直接打印出各种贺卡、水印、水平翻转、半色调等，极大地拓展了打印机的实用性。图 4–3 中为 Epson Stylus Pro 7600 彩色喷墨打印机。

2. 热升华打印机

热升华打印机是通过一个精细控制的加热元件，以感热的方式将三到四条彩色色带上少量的颜料转移到纸张之上，形成大小可调的色点。用热升华打印机输出的照片，色彩亮丽，层次丰富，有连续性影调，色调过渡自然而真实。但是在打印时只能使用专用热升华照片打印纸，不能使用普通纸打印，同时照片的打印尺寸一般较小，通常为 6×4 英寸，现在的便携式即拍即打的打印机一般是热升华打印机，这种打印机的打印成本相对较高。通常用于家庭照片的打印以及即拍即取的标准照片的打印，一般达不到摄影作品的输出要求。图 4–4 是佳能 CP600 型热升华打印机。

3. 彩色激光打印机

尽管喷墨打印机的技术已经发展得非常成熟，但是在打印速度和打印质量上仍然比不上激光打印机。彩色激光打印机是一种高速度、高精度、低噪音的非击打式打印机，它是激光扫描技术与电子照相技术相结合的产物。

彩色激光打印机的打印效果是所有打印机中最好的，可以在普通纸上输出精美的图文稿件，也可以输出直接用于印刷制版的透明胶片，打印效果极为优

图 4–4 佳能 CP600 型热升华打印机

秀，几乎达到了印刷的水平；打印速度快，打印声音小，激光打印机又称页式打印机，它一次就可以打印一整张纸；彩色激光打印机的购置费用和消耗品费用都比较高，一般的彩色激光打印机价格在万元左右，激光打印机使用碳粉盒，一盒墨粉大约可以打印 3 000 至 5 000 页，而重新购买一个碳粉盒或者是更换盒里的碳粉，都是比较贵的。

彩色激光打印机一般用于打印商业文书比较频繁的部门、商业打字复印服务社或广告设计部门，可以进行小批量彩印业务。

在彩色照片的输出方面，尽管彩色激光打印分辨率极高，能打印精美的图片，但是它打印出的图片更像印刷出来的图片，缺乏照片的光泽柔润，因此，彩色激光打印机很少用于专业摄影照片的输出。

二、喷墨打印机的主要性能

喷墨打印机的性能随着科技的日新月异飞速发展，有许多打印机打印出来的图像质量已达到甚至超过银盐照片，而且打印机能打印的照片的尺寸也在不断的加大，打印机的主要性能体现在以下几个方面。

1. 分辨率

分辨率的单位是 dpi(Dot Per Inch)，即每英寸所打印的点数(或线数)，用来表示印刷分辨率，这是衡量印刷精度的主要参数之一，该值越大表明印刷的精度越高。分辨率的高低对于打印机而言，也直接决定了打印的精度，打印机的 dpi 越高，打印的照片精度越高。目前专业照片打印机的分辨率已经达到了 2880 dpi 以上，如 Epson Stylus Photo 950 的分辨率就是 2880 dpi，而 Canon i950、HP PhotoSmart 7155、HP PhotoSmart 7550 等的分辨率达到了 4800×1200 dpi。

2. 墨点大小

喷墨打印机是将不同颜色的墨滴喷射到打印介质上形成墨点，一个或多个墨滴可以喷射到同一位置，形成一个墨点，每个墨点即为生成图像或文本的最小单位--像素。显然，墨点越小，在相同面积的图像中所容纳的墨点就越多，人的视觉系统所能感受和分辨到的图像就越细腻，人类的视觉能够分辨的墨点极限为 1pl(皮升，一升的 1 000 000 000 000 分之一)，当墨滴的体积达到 4pl 时，各个墨滴生成的墨点尺寸仅有 0.67pl，已经低于这个极限，目前专业照片喷墨打印机的墨点均能控制在 4pl 以下，如 Epson Stylus Photo 950、HP PhotoSmart 7155、HP PhotoSmart 7550 均为 4pl，而 Canon i950 的墨点仅为 2pl。

3. 打印尺寸

一般打印机的打印尺寸为 A4 大小，该尺寸能够满足 10 英寸大小的照片打印，基本能够满足摄影创作、投稿以及平时的家庭纪念照片的打印，但是需要打印更大的照片用于展览、展示、美化房间等就无能为力了。因此生产厂家生产了更多打印尺寸的打印机，一般有 A3 打印机，能打印的照片尺寸可以达到 16 英寸；A6 尺寸打印机，只能打印 6×4 英寸的照片；宽幅打印机，能打印 61 厘米、91 厘米、108 厘米、137 厘米和 153 厘米等宽度，而长度可达几十米的照片。当然打印机的打印尺寸越大，其价格必然越高，使用耗材成本也将越高。

4. 打印速度

打印速度是打印机的性能指标之一，它决定了打印机的工作效率，喷墨打印机相对于其他种类的打印机而言，通常打印速度较慢，特别是在打印高质量的照片时，显得尤为明显。如使用 Epson Stylus Photo 2100 打印 A4 尺寸的高质量照片时，需要 5 分钟左右的时间，而 CANON i950 打印一张 A4 尺寸的高质量照片，只需要 1 分半钟的时间。

一般情况下，打印照片的质量越高，打印速度越慢，在选择购买打印机以及使用打印机时，应对速度和质量进行平衡。

5. 色彩与层次表现

目前，家用级照片打印机对色彩层次的表现较为一般，层次过渡具有数码的通病，层次过渡不连续，特别是暗部层次，容易形成大面积色块，对被摄景物的层次有很大的损失，但是已经能够满足家庭观赏照片的需要；专业级的照片打印机，对层次过渡的表现几乎达到了完美的境界，人眼的视觉已经察觉不到照片中层次的不连续性，已经能够满足专业摄影创作表现的需要，不过将专业级照片打印机打印出来照片与数码激光冲印出来的照片进行仔细比较，在层次表现方面，打印机打印出来的照片层次过渡在感觉上有些生硬，而数码激光冲印出来的照片则比较柔和自然。

三、打印机的使用

打印机的使用较为简单，将打印机与计算机连接并正确安装打印机驱动程序后，打印机即可以使用，但是在使用打印机打印高质量的黑白照片时，特别是使用喷墨打印机时还必须注意以下问题。

图 4–5 调整照片大小

1. 打印墨水和纸张的选择

原装墨水和专用纸张是获得高质量照片的可靠保证，同时也有利于打印机的维护，因为代用照片打印纸对墨水的吸收有影响，色彩、层次的表现会受到一定的影响，代用墨水的质量、色彩表现不及原装墨水，同时代用墨水极有可能堵塞打印机的喷嘴，导致打印机喷嘴的损坏。

2. 照片的调整

进行照片打印之前，

应调整好照片的打印尺寸、照片的分辨率。在 Photoshop 中可以在“图像→图像大小”中进行设置。（图 4–5）

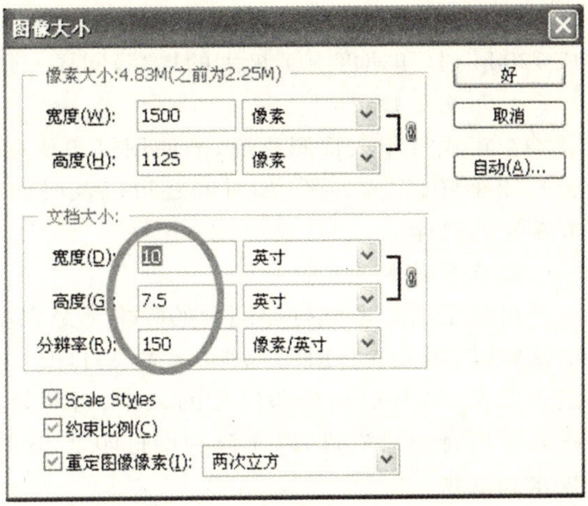

图 4–6 10 英寸照片的打印设置

关于图片分辨率的设置，笔者曾经将高素质图片的分辨率分别设置成 350、250、150、72dpi，图像尺寸均为 10 英寸，并打印成 10 英寸照片，经过仔细的比较发现，150dpi 以上分辨率打印出来的图片质量几乎一样，因此，一般打印照片的分辨率设置在 150dpi 为宜，如果设置得太高，打印机也表现不出来。关于照片尺寸的设置，应按照需要进行设置，如打印 10 英寸照片，则将文档大小的宽度一栏设置成 10 英寸即可。（图 4–6）

3. 打印分辨率设置

打印分辨率设置应根据打印照片的尺寸和照片精细的要求进行。（图 4–7）

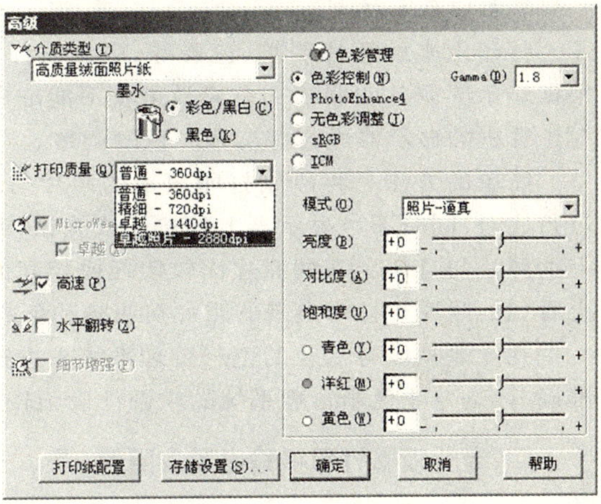

图 4–7 打印分辨率的设置

一般打印小尺寸的照片，应将打印分辨率设置得高一些，如打印 2 英寸标准照，以及 5 英寸、6 英寸、10 英寸等照片，建议分辨率设置在 1440dpi 以上，因为这些照片的观看距离比较近，构成影像的分辨率越高，人眼越不容易看出照片的颗粒感或墨点感，照片就越显得精细；如果打印照片比较大，如打印 24 英寸、36 英寸，甚至更大尺寸的照片，打印分辨率就不需要设置得太高，一般在 720dpi 以下，因为照片尺寸较大时，人们观看照片的距离必然较大，人眼的分辨能力会下降，即使由很大的点构成影像，我们也看不出来，如高速公路边上十几米长宽的广告牌上影像，一般都是由直径为几厘米的像素点构成的，但我们却看不出来，因为我们不可能凑近了看这样的影像。太高的分辨率会远超出人眼的分辨能力，这样会无端的浪费打印精度、打印墨水。

打印分辨率的设置对照片输出的时间有极大的影响，笔者第一次使用 Epson7600 打印机打印的第一张 36 英寸照片，由于初次使用没有经验，为了获得最好的打印效果，将打印分辨率设置成了 2880dpi，结果打印这张照片耗时在 6 个多小时，太慢了！

这样的输出速度根本不可能满足商业上的输出效率的要求，后来将打印分辨率设置成720dpi，打印速度有了极大的提高，同样一张36英寸的照片只用了不到半小时。

4. 预览与打印

在正式打印大幅照片前，应使用打印预览查看打印区域，保证打印区域准确后，再打印小样，作为参考，如有问题可以及时调整，避免贸然打印大图造成的损失，最后再正式打印。

5. 节省墨水

由于个人或家庭打印照片的频率不是很高，而每次开机会浪费一定量的墨水来清洗喷嘴，因此，打印照片时应将需要打印的照片积累起来，并根据打印质量的要求进行归类，同时根据打印尺寸的大小，对照片在一张标准的打印纸幅面上用图像处理软件进行布局安排，以充分利用打印纸，这样将照片集中处理打印，可以节省打印墨水和纸张。

另外，无边距打印时更浪费墨水，因此打印照片时，尽量不要采用无边距打印，即使你需要无边距的效果，也宁可打印后再来裁剪。

6. 打印色彩控制

打印出来的照片明暗、色彩等，应该与计算机显示屏上看到的一样，否则，我们根据显示屏调整的明暗和色彩效果就不能准确的表现出来，因此打印照片前还必须对计算机的显示器进行亮度和颜色的调整。

简单的方法是将刚刚打印出来的照片与计算机显示屏上显示的照片放在一起进行比对，同时通过显示器上的按钮或旋钮，调节显示屏的亮度和色彩，直至显示器上的照片与打印出来的照片比较接近或相同为止，这样可以基本保证计算机显示屏上看到的照片与打印出来的照片在明暗和色彩上基本保持一致。

在专业领域有专业的色彩管理系统来进行色彩调整，可以对色彩调校做到极为准确，但是专业色彩管理系统的软硬件设施较为昂贵，而且色彩的调校较为烦琐。

四、专业喷墨打印机输出黑白照片

在输出照片方面较为成熟的打印机是喷墨打印机，但是喷墨打印机输出黑白照片却经历了一个曲折的发展过程，特别是在专业黑白照片的输出方面，目前，专业的黑白照片打印输出技术也日渐成熟，特别是Epson Stylus Pro 4800、7800、2400等系列打印机的生产，给专业摄影师输出黑白照片带来了前所未有的革命。（图4-8）

1. Epson Stylus Pro 4800打印机的技术性能

(1)最高分辨率达2880×1440dpi。

由于使用了爱普生独有的先进微压电打印头和线性解码器，可实现高达2880×1440dpi的分辨率。

(2)丰富的介质适应性。

配合优秀的色彩管理技术，可以在光泽照片纸、亚光照片纸、粗面纸、美术纸等众多介质上打印出优秀的图像，实现多种效果输出。适合最大17寸幅宽，A2+幅面的单页纸/卷纸，1.5毫米厚展板等多种规格、类型的介质。

图 4-8 Epson Stylus Pro4800 打印机

(3)爱普生“世纪虹彩 K3”颜料墨水。

使用爱普生最新研发的八色“世纪虹彩 K3”颜料墨水的 Epson Stylus Pro 4800 打印机能够满足专业摄影师、商业影楼、图像设计师、艺术品复制、数码打样以及海报输出等的全面需求。

(4)黑白 / 彩色图像打印。

8 色“世纪虹彩 K3”颜料墨新增加的淡淡黑色墨水,使打印图像无论在色彩准确性,还是在细节层次、光泽等方面均有质的飞跃和提高,而更高的色彩浓度,展现了更宽广的色彩空间。

(5)黑白图像打印的革命。

全面升级灰平衡打印效果, 可以打印出纯黑白效果的色泽细腻的高品质照片,突破传统黑白图像打印的瓶颈,专业的高级黑白打印模式,使黑白色调控制更显专业化,完全展现黑白图片中的暗色调层次和细节。

(6)配备两种黑色墨水。

为配合不同的应用领域,Epson Stylus Pro 4800 打印机可以选择使用两种不同质地的黑色墨水(照片黑和粗面黑)以适应不同的介质,选择适当的黑色墨水组合进行打印。

(7)微压电打印技术。

爱普生通过独有的微压电打印技术控制压电晶体形变,精确控制墨滴的大小,确保极出色的打印精度,最小墨滴可达 3.5 微微升;在喷墨过程中,打印头不需加热过程，所以墨水的化学成分不会发生变化，使得单个喷嘴能保持高频率的稳定性工作。

2. Epson Stylus Pro4800 打印机的黑白表现特点

Epson Stylus Pro 4800 打印机中淡淡黑的加入，增强了打印照片的黑、白、灰的层次过渡和细节表现，使其达到了几乎完美的境界；粗面黑的加入使打印黑白照片的黑度够深够纯净，同时，粗面黑加入使照片打印能适用的介质更多、效果更好，如织纹美术纸、绢布、宣纸等更多的材料都可以作为介质进行输出，这为摄影作品提供了更广泛的表达空间。

打印黑白照片的保存期较长，如使用纯棉无酸美术纸打印的黑白照片可以保存200 年以上，完全可以被博物馆来收藏，目前许多国家，这种打印的摄影作品都是被作为收藏品来销售的。

Epson Stylus Pro 4800 打印机打印黑白照片时的操作较为简单，一般彩色喷墨打印机输出黑白照片时，需要在 Photoshop 中将彩色图片转变黑白图片再进行输出，在这样的过程中，照片许多细节会丢失，同时为获得较为纯正的黑白照片效果，还需要对打印色彩进行精心控制，甚至还需要制作特定的 ICC，因此操作较为烦琐。而 Epson Stylus Pro 4800 打印机的打印驱动程序中有高级黑白照片打印模式，摄影师需要打印黑白照片时，直接用高级黑白照片模式就能输出效果非常好的黑白照片，可以不必通过 Photoshop 来调整，这样可以保留更多的细节。

5 第五章

黑白滤光镜与数字制作

在黑白摄影中，滤光镜有着举足轻重的作用，它能改变黑白照片的中黑、白、灰的结构关系，在彩色世界中的景物表现为黑白照片时，能对照片中不同景物的明暗、反差、层次等进行有效的控制，滤光镜在传统胶片黑白摄影中是不可或缺的摄影附件。在数码黑白摄影中，由于数字图像处理制作的强大功能，图像处理能模拟出各种滤光镜拍摄效果，同样对黑白照片的黑、白、灰结构关系，以及黑白照片中不同景物的明暗、反差、层次等进行有效的控制，处理制作出完美的黑白照片。

第一节 认识滤光镜

一、滤光镜的概念

滤光镜是安装在摄影镜头上的附加镜片，它是一些特殊的光学镜片，有的是具有各种颜色的玻璃镜片、有的是经过特别的凹凸处理的光学镜片，它们能以各种方式改变进入镜头的光线，从而改变进入镜头的光线方向或光谱结构，最终调节拍摄照片的影调结构、色调效果和画面结构形态。

一般情况下，滤光镜是通过螺纹结构旋转安装在镜头的前面，使用时特别方便，需要用时拧上，不需要时卸下。也有些特别的镜头其滤光镜是安装在镜头的后面，滤光镜处于镜头和机身之间的位置，特别是一些超广角镜头和鱼眼镜头，由于其镜头视角极大，而且最外面的镜片向外凸得很厉害，在镜头前安装滤光镜很不方便，同时也容易遮挡镜头的视角，使拍摄的画面出现暗角，这样的滤光镜设计通常在镜头之后，如尼康 AF 16mm F2.8 的鱼眼镜头在出厂时就已经为镜头的后面配备了 4 片滤光镜。

二、滤光镜的种类

摄影使用的滤光镜种类极其繁多，每一大类中又有许多具体的种类，认识与了解这些名目繁多的滤光镜，有助于我们认识各种滤光镜的实际使用效果，有助于我们对滤光镜的选择，有助于提高对摄影作品的鉴赏力，并为摄影实践服务，利用滤光镜取得新颖、别致的画面效果。

1. 按制造的材质分

滤光镜的制造材质上可分为玻璃镜片的滤光镜、塑料镜片的滤光镜和明胶滤光片。玻璃镜片滤光镜较为坚固耐磨，且颜色纯正，不容易褪色；塑料镜片的滤光镜比较轻巧，成本低，但是它受光照容易褪色，且不耐磨，使用时要特别注意保护；明胶滤光片是一次性使用的滤光镜，它其实就是有色塑料薄膜，使用时剪一块挡在镜头前面，用完就可以扔了，它对镜头成像质量影响较大。

2. 按照使用方式分

滤光镜的使用方式有专用滤光镜和通用滤光镜之分。

专用滤光镜是指只能与一定口径或一定卡口的镜头配合使用的滤光镜。如 77mm 的滤光镜就不能用到最大直径为 72mm 的镜头上，更不能用到最大直径为 82mm 的镜头上。再比如口径一致的普通螺口滤光镜就不能使用到哈苏照相机的蔡司镜头上。如果一台照相机有几只不同外径的镜头，必须专门为它们各自配备滤光镜。

通用滤光镜由一个滤光镜架和若干滤光镜片组成，滤光镜架可以通过其上的螺纹接口和大小不一的转接环安装到不同外径口径的镜头上，使用时根据拍摄的需要选择滤光镜片，将滤光镜片插到滤光镜架上（图 5-1），这种方式的滤光镜组合套装，可以用于若干不同外径口径的镜头，实用性、通用性较强，如高坚系列滤光镜，它在滤光镜架的基础上推出了数百种滤光镜片，为摄影者运用滤光镜提供了极大的便利。

图 5-1 通用滤光镜的构成

3. 按照滤光原理分

滤光镜按照滤光原理可分为光谱滤光镜和光学滤光镜。光谱滤光镜是带有一定颜色的滤光镜，它允许部分色光通过，而阻止另一部分色光通过，能改变光线的光谱结构，通常运用于黑白摄影，在彩色摄影中也可以调整照片的色调，平衡光源色温，营造特定的气氛。光学滤光镜不改变光线的光谱结构，对所有色光的作用相同，只改变镜头的光学特性，使通过镜头的光线发生散射、折射等改变光路的现象，从而达到制造特殊拍摄效果的目的，它的通用性较强，在彩色、黑白摄影中都可以使用，且使用效果一样。

4. 按照用途分

滤光镜按照其用途可分为黑白专用摄影滤光镜、彩色摄影专用滤光镜、黑白彩色通用滤光镜和特殊效果滤光镜。黑白专用摄影滤光镜通常是各种颜色的光谱滤光镜；彩色摄影专用滤光镜是少量校色温和平衡光线色调的光谱滤光镜；黑白彩色通用滤光镜是在黑白摄影和彩色摄影中均能起到相同作用的滤光镜，包括偏光镜、中灰滤光镜、UV 镜等；特殊效果滤光镜是可用于黑白和彩色摄影中的能使画面产生特别视觉造型的各种光学滤光镜，如柔光镜、雾镜、多影镜、光芒镜、星光镜、速度镜等。

三、滤光镜的因数

镜头前使用了滤光镜后，在获得各种摄影效果的同时，也会对光线产生阻碍作用，它会直接影响胶片的曝光，在进行曝光控制时必须充分考虑到这一点。在加用滤光镜拍摄时应增加曝光量来补偿滤光镜对光线的阻碍损失，在滤光镜的使用说明上一般会标出曝光补偿的参考值。这种参考值通常用“因数”来表示，并标注在滤光镜的金属环上。

因数也叫“曝光因数”或“滤光镜因数”，是镜头前使用了滤光镜后的曝光量相对于未使用滤光镜时的曝光量的倍数，它决定了使用滤光镜后的曝光补偿值。常见的滤光镜因数所对应的曝光补偿值如表 5-1 所示。

表5-1 滤光镜因数与曝光补偿级数对照

滤光镜因数	曝光补偿级数
1	0
2	1
3	1.5
4	2
6	2.5
8	3

滤光镜因数取决于滤光镜本身的颜色和颜色的深浅,同时,还受光源颜色、使用胶片的感色性等条件的影响,在进行手动曝光、照相机外测光或测光表测光曝光时应综合考虑这些因素。

在使用照相机的内测光进行手动或自动曝光时,测光系统已经考虑了滤光镜的影响,所以不必再作曝光补偿,可以直接进行拍摄。

第二节 黑白摄影中滤光镜的运用

用于黑白摄影的滤光镜主要有红、橙、黄、绿、蓝等光谱滤光镜。这些滤光镜在黑白摄影中是对光线中的色光进行有选择的吸收或通过,从而对拍摄的影调产生作用,从而改变黑白图片中黑、白、灰的影调结构。

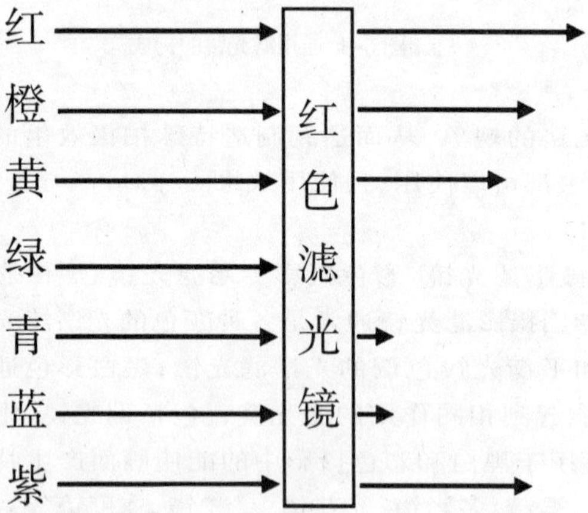

图 5-2 黑白滤光镜的工作原理

在黑白摄影中用好滤光镜必须了解黑白滤光镜的工作原理。黑白滤色镜能有选择地吸收色光,各色滤镜均能通过与滤光镜片颜色相同的色光,以及通过部分与滤光镜颜色相近的色光,而阻止与滤光镜片颜色互补色的色光。这是滤光镜在黑白摄影中最主要的工作原理,如红色滤镜通过全部红色光,也能通过一部分与其相邻的橙、黄色光,滤去青、蓝等色光。(图 5-2)

同时,滤光镜颜色本身有深浅之别,滤光时颜色越深,滤光的作用越明显、越强,反之越弱。

另外,在黑白摄影中,滤光镜对没有色彩的被摄对象起不到调整影调结构的作用,因为滤光镜对被摄对象中黑、白、灰的滤光效果是相同的,不可能改变它们之间的结构关系。

由黑白滤光镜的工作原理可以看出,在黑白摄影中结合黑白胶片的感色性能,使用光谱滤光镜能给黑白摄影带来无穷的魅力,在黑白摄影实践中,对滤光镜的运用主要集中在以下几个方面。

一、矫正黑白感光片感色性的缺陷

黑白摄影将五彩缤纷的彩色世界转换成黑白灰结构的照片,使景物的不同色调表现为光线的明暗和物体的层次,在转换时由于胶片感色的缺陷,通常黑白感光片对蓝紫光更为敏感,拍摄的画面中蓝紫色景物部分偏亮,与人的视觉感受有很大的差异,看起来黑白影调就不自然。通常使用黄滤光镜拍摄,就可以使黑白影调过渡自然。

二、压暗蓝天影调

天空的蓝紫光成分较多，本身比地面景物亮很多，加上常用的全色黑白感光片对蓝紫更为敏感，因此，拍摄出来的画面天空部分就更亮了，一般情况下是死白一片，画面天空部分过于单调，与地面景物反差过大，照片的形式美感就严重下降了。同时，如果天空是晴空万里，蓝蓝的天上白云飞，在视觉上景致优美，赏心悦目，给人以美的享受。但是在黑白感光片上，美丽的白云和蓝蓝的天空同时表现为极亮的白色，白云与天空并不分明，无法表现蓝蓝的天上白云飞的美景。（图 5–3）

为了降低蓝天的亮度，减弱蓝天与地面景物的反差，使二者的明暗对比反差适中，可以使用红、橙、黄、绿等滤光镜拍摄，它们对蓝天中蓝紫光的吸收能力最强，对其他光谱的吸收能力较弱，这样就会使蓝天中的大部分光线被滤去，只有部分光线能到达感光片上引起感光，蓝天就会因感光减少而变暗，于是就达到了压暗蓝天的目的，蓝色天空的亮度降低了很多，而其他色调的亮度减低的很少，最终的结果就是降低了蓝天与地面景物之间的反差，使影调柔和，提高了蓝天和白云之间的反差，使白云在灰色天空的衬托下显得尤为突出。（图 5–4）

在黑白摄影中，运用滤光镜压暗蓝天是较为常见的手法，压暗蓝天使用得最多的是黄滤光镜，黄色滤光镜的颜色越深，它压暗蓝天影调的能力越强，在实际拍摄时蓝应该被压暗到何种程度，应根据具体拍摄条件和画面表现的需要来确定。平时我们一般使用中黄滤光镜，因为中黄吸收蓝紫光的能力适中，压低天空影调的能力也适

图 5–3 直接拍摄的蓝天白云

图 5–4 黄色滤光镜压暗蓝天

图 5-5 深红滤光镜拍摄模拟夜景照片

中，取得的浅中灰的天空影调较为自然，符合人们的视觉习惯。使用深黄滤光镜时，会将天空压得较暗，使天空呈现为深灰色。另外，使用深红色滤光器能将蓝天的影调压得更低，甚至可以使蓝色天空变得全黑，使白天拍摄的画面像夜里拍摄的一样，可在白天拍摄出“模拟夜景”的效果。（图 5-5）

三、调节空气透视

人们在观看自然景物时一般有如下的视觉感受：近处的景物看起来颜色较深，也较为清晰；越远处的景物看上去则色调越淡，也越模糊，极远处的景物则隐隐约约、模模糊糊看不清楚，这种现象就是空气透视。

我们在拍摄黑白照片时，由于拍摄的景物不同、拍摄条件不同以及主题表现的

图 5-6 空气透视较强，远景不够清晰

图 5-7 浅黄滤光镜减弱空气透视，提高远景清晰度

需要不同，有时需要消除或削弱空气透视的效果，必须将远近景拍摄得十分清楚；有时需要强化空气透视的效果，故意保留或强化近深远淡、近处清楚远处模糊，似有薄雾笼罩的朦胧感，营造画面氛围。

空气透视效果控制，能自由的调节画面中人们体会到的空间深远感，使人们在平面的照片上感知到立体的视觉元素。

在进行现场拍摄时，有时即便天气较好，极目远望，一览无余，然而远景景物中肉眼看不见的蓝紫光偏多，拍摄的照片必然远景亮度过高，不够清晰(图 5–6)。加用滤光镜可以强化或减弱空气透视，一般使用中黄或浅黄滤光镜拍摄自然风景，不仅可以压暗蓝天突出白云，能调节天空和地面景物影调反差，而且能使远景空气透视效果接近自然的视觉效果(图 5–7)。使用浅蓝色滤光镜能夸张和强化空气透视，不过实际拍摄时，常用雾镜来拍摄。

四、强化对比，突出主体

黑白摄影中被摄景物在照片上明暗表现不但取决于景物本身的明暗，还取决于景物本身的色彩，相同亮度的不同色彩，在黑白照片上却表现为不同的明暗灰度，有些景物在色彩上对比强烈，而在黑白照片中却表现为较为相近的灰度，这就使照片的明暗反差降低、失真，在视觉上不自然，有时也使画面沉闷，主体不突出。利用滤光镜对色光的有选择吸收和通过可以很好的控制影调对比，它也是黑白摄影中突出主体的重要方法。

如红花绿叶的拍摄，红色和绿色在黑白照片中均表现为深灰色调，这样的画面就显得比较晦暗沉闷(图 5–8)，视觉上鲜艳的红花在绿叶的衬托下显得尤为引人注目，而在照片中就没有那么突出了。使用红色滤光镜拍摄时，红花上面的光线通过率

图 5–8 直接拍摄的红花绿叶比较沉闷，主体不突出

图 5-9 加用红滤光镜拍摄的红花绿叶影调明快，主体突出

较高，能引起黑白胶片的充分感光，在照片上表现为浅色调，而绿叶上的光线通过率较低，在黑白胶片上的感光较弱，在照片上表现为深黑色调，显然提高了影像的反差，突出了画面的视觉主体，创造了有效的美感表现形式（图 5-9）。

因此，在黑白摄影中，欲突出某种颜色的主体，就选择与主体相同颜色的滤光镜，从而使主体的感光量大大增加，影调变浅，使画面其他颜色的影调变深，使主体突出。

五、翻拍时消除颜色

在黑白摄影中使用滤光镜能调节反差，镜头前加用什么颜色的滤光镜，什么颜色的色调就可以被提亮，这一特点在翻拍实践用途极强，并得到了广泛的应用。

比如，在拍摄各种颜色的纸面上的黑字时，特别是红纸上的黑字，红纸的红色在黑白照片上表现为黑灰色调，它与黑字的影调都发黑，反差极低，字迹很难辨认。如果在镜头前加用红颜色的滤光镜，则可使红纸部分的感光量增加，使红纸的影调变浅，使黑字突出，对于纸面是其他颜色时，操作的原理一样。

再比如，在翻拍文件或书报时，如果白纸黑字的文件稿上有蓝笔划过的痕迹和蓝色墨水的污迹，在镜头前加用蓝色滤光镜来拍摄，则蓝色污迹在黑白照片中的色调表现为白色与白纸一样，照片上就看不到蓝色污迹了，文字就更为清晰可辨。

上面是黑白摄影中滤光镜的基本运用方法，当然在进行黑白摄影过程中，对滤光镜的使用应根据实际景物表现的需要，根据影调结构表现的需要，根据黑白摄影艺术表现的需要，合理的运用滤光镜，同时在黑白摄影中使用滤光镜还必须注意以下问题。

第一，在使用滤光镜时最重要的是要注意进行曝光补偿。

第二，在使用黑白滤光镜时要注意对拍摄景物颜色的作用与反作用，例如：加用红滤光镜时，可以压暗天空使白云更加突出，但同时也会将绿色的草地变成一片漆黑。

第三，对滤光镜的选用，应尽量选用优质滤光镜。因为，滤光镜同镜头一样，直接关系到成像质量，劣质滤光镜与优质镜头配用，是对昂贵的优质镜头的浪费。

第四，不要过多地重叠使用滤光镜，多枚滤光镜的重叠，会使通过滤光镜的光线产生漫反射，从而影响影像的清晰度和反差。

第五，黑白滤光镜不能改变黑、白、灰景物的影调反差关系，如阴天的天空。

第三节　其他滤光镜的使用

滤光镜的种类极其繁多，其功能各不相同，拍摄得到的画面效果更是千差万别，下面列举了摄影中较为常用的滤光镜，并解析了他们的功能及用途。

一、UV 镜

UV 镜也叫“紫外滤光镜”、“去雾镜”，是透明无色光学玻璃。UV 镜能吸收掉光线中部分蓝紫色光和紫外光线。空气中尘埃、水汽等介质在远景中较为密集，而且很容易受到蓝紫色光和紫外线的照射而发生散射，这样远处的景物就像有一层雾气笼罩着，呈现出朦胧不清的形态。利用镜头前的加用的 UV 镜可以过滤掉被摄景物特别是远景景物中蓝紫光、紫外光，可以提高画面中远景的清晰度，增加远处景物色彩的饱和度，减弱远景朦胧的现象。除此之外，UV 镜在拍摄时对色彩的表现并无任何影响，平时可以拧在镜头前，还起到保护镜头的作用。

二、中灰滤光镜

中灰滤光镜又称“减光镜”、“阻光镜”，它是具有一定的光学密度，没有任何色彩成分，的光学镜片。在拍摄时使用中灰滤光镜不会对画面的彩色产生任何影响，只会起到阻碍光线通过、降低光照度的作用。因为中灰滤光镜不能改变光线中的光谱成分，所以使用中性灰镜拍摄彩色景物时也无法改变物体的色彩关系和明暗关系，对被摄景物的色彩不产生任何的影响，只是平均地降低了光线的照度。中灰滤光镜又灰度深浅之分，使用时根据需要选择一定深浅的中灰滤光镜，必要时可以两片叠在一起使用。

中性灰镜在摄影中的运用表现在两个方面。

(1)降低光照度，有利于在光照度较强的环境中降低快门速度，有利于使用慢速快门创造出动态效果。例如：强烈阳光下拍摄山间的瀑布，即使使用最小光圈，快门速度可能仍然在 1/125 秒以上，此时只能将瀑布中的水凝固下来。而使用了中灰滤光镜后，由于其阻光作用，快门可以降低到 1/8 秒以下，这样就可以创造出云如烟、如雾、如纱的动感。

(2)降低光照度，有利于在光照度较强的环境中使用最大光圈，有利于景深控制突出主体。例如，强烈阳光下拍照时，由于光线太强，如果使用最大光圈拍摄，即便使用了照相机上的最高快门速度，曝光仍然过度，因此只能收小光圈，无法使用最大光圈。此时可以加用中灰滤光镜降低光照度，使光圈能开至最大。这样才能有目的地使背景模糊，使主体得以突出。

三、偏光镜

偏光镜也叫“便振镜”，在彩色摄影中用途极大，是风光摄影、建筑摄影、花卉摄影必备的摄影附件。

偏光镜是由两层玻璃黏合而成，在两层玻璃的中间夹有经过定向处理的极细的杆状晶体，这些杆状晶体按一定顺序排列，当光线通过偏光镜时，只有振动方向与玻璃镜片中的杆状晶体排列方向一致的光波才能透过此镜片，而其他方向振动的光波会被挡住而无法通过偏光镜。

图 5-10 偏光镜效果(高尖产品手册)

偏光镜通常安装在可旋转的圆形框架上可以自由的旋转，而圆形框架可以跟普通滤光镜一样拧在镜头的前面，通过旋转偏光镜来调整玻璃镜片中的杆状晶体排列方向，从而可以有效的消除现场光线中偏振光的成分，消除偏振光的效果可以直接从单镜头反光取景器中看到，比如我们将加有偏光镜的镜头对着蓝天，旋转偏光镜，从取景器中我们就会看到蓝天有亮暗的变化，最暗时，天空中的偏振光被消除了，最亮时，蓝天中的偏振光全部通过镜头。

在我们的日常生活中蓝色的天空中偏振光的成分较多，蓝色天空下所有受天空光照明的景物都带有偏振光的成分，非金属表面的反光大部分是偏振光，因此，偏光镜对这些情况下的偏振光均可以起到消除的作用。

摄影中，我们要充分发挥偏光镜的优势，适时的消除有害的偏振光，提高色彩的表现力，提高影像质量，具体在运用偏光镜时，表现在以下几个方面：

运用偏光镜消除或减弱非金属表面的反光。在拍摄时由于光线作用在表面光滑的物体上会形成闪耀的反光点，这时可以通过转动偏振镜，以消除物体上的反光点，正确而完美地表现出物体的质感和细节(图 5-10)。

压暗蓝天的亮度，使天空更蓝、更美。蓝色天空中的光线偏振光成分较多，通过转动和调整偏振镜可以降低天空的亮度，使蓝天更加湛蓝，增加画面色彩之间的反差，提高蓝色天空色彩的饱和度。

提高色彩饱和度。普通彩色摄影中，特别是天气较好，天空较蓝时，一般的景物均受到天空光的照明，天空光本身偏振光成分较多，散射到景物上时也有很多偏振光，而这种偏振光会影响被摄景物色彩饱和度的表现，使用时也可以从取景器中观察，随着偏振镜的转动，取景框中最暗时，消除偏振光的效果最好，最有利于色彩饱和度的表现。

两片偏振镜相叠加在镜头前，转动偏振就可以改变两片偏振镜中杆状晶体排列方向之间的夹角，形成不同程度的阻光效果，夹角为 90 度时，阻止所有光线通过，夹角为 0 度时，光线通过量最大，通过取景器也可以看到这种现象，此时的偏振镜具有中灰性灰滤光镜的作用。

特殊效果滤光镜在摄影创作中起着重要的作用。许多摄影者利用特殊效果镜创造出许多的彩色摄影佳作。特殊效果镜在彩色摄影中可以营造出画面的艺术气氛，改变画面的色调结构，创造出各种动感效果，增加画面新颖而奇特的形式美感。在彩色摄影中巧妙而熟练地运用特殊效果滤光镜，可以使拍摄的画面化平淡为神奇，创作出别具一格、超凡脱俗的艺术作品。

四、渐变滤光镜

渐变滤光镜是镜片呈现为颜色由深到浅过渡的滤光镜，颜色可以是灰色的也可以是各种其他颜色，如橙色、蓝色等。

渐变滤光镜多用于有天空和地平线的远景画面，在使用时要注意渐变过渡要自然，不能使同一景物上有两种明显的色彩差异，同时选择使用渐变滤光镜时，滤光镜的颜色一般不能太深，应以淡浅色为宜，否则拍摄出的画面极不自然。

摄影中的灰渐变滤光镜，通常用于平衡画面上下或左右两部分的反差，降低天空的亮度，减少天空与地面的反差。可以在保证下半部分的正常曝光下，有效压暗上部天空的亮度，使作品明暗过渡柔和，能有效突出云彩的质感。

彩色渐变滤光镜可以有目的地调节或改变拍摄画面的部分色彩和明暗关系，能将景物的色彩拍摄成部分真实、部分夸张的特殊效果。如阴天时的天空是灰色的，可以利用蓝色渐变滤光镜拍摄出蓝色的天空景象；降低蓝天的亮度，使蓝天更加蔚蓝；使用暖色调的渐变滤光镜，还可以使画面营造出傍晚霞光漫天的气氛。

图 5-11 柔光镜效果

五、柔焦滤光镜

柔焦滤光镜是一种透明无色光学玻璃，其表面被打磨成极为细密的凹凸面，当光线透过镜片时，便发生微弱的杂散现象，从而起到柔化影像的作用。柔焦滤光镜柔化影像的作用大小，取决于镜片表面的凹凸的细密与深浅程度。镜片表面凹凸越深，柔焦作用就越强，反之就弱；凹凸分布越密，柔焦作用越强，反之就越弱。

柔焦滤光镜一般适合拍摄人物肖像，能掩饰人物脸部缺陷。能渲染出一种温馨和浪漫的情调，常赋予画面以更多的感情色彩，使梦境更神秘，情感更温馨，追忆更久远，诗意更浓烈，遐思更无限。用柔焦来表现老年人，可使他们“青春焕发”，而表现少女又能营造出温情而浪漫的梦境般的诗意（图 5-11）。

图 5-12 中空柔光镜效果

柔焦镜可以淡化画面中线条结构与色调之间某些不和谐的情况，可以减弱画面中光影凌乱和明暗不均的现象，改善画面影调的明暗反差，使画面的影调与人物造型效果的关系更趋向完善。

在实际拍摄时，柔焦效果与光圈、镜头焦距和拍摄距离密切相关。光圈越大，柔化效果越强；镜头的焦距越长，柔化的效果越强；照相机离被摄物体越近，柔焦效果越强；反之，柔焦效果越弱。

镜片中心是透空的圆洞，圆洞四周的玻璃镜片具有柔焦效果的滤光镜是中空柔焦滤光镜。使用中空柔焦滤光镜拍摄出的画面中心可以获得清晰的影像，而画面的四周由于柔化因素呈现出朦胧的晕化效果（图 5-12）。中空柔焦滤光镜适宜拍摄近景

图 5-13 星光镜效果（高尖产品手册）

人像，这样可以利用清晰与柔化的对比，可以突出人物的主体形象。

六、星光镜

星光滤光镜是拍摄时能使被摄景物中的光源点、反光点等高光点呈现为光芒四射或星光灿烂效果的滤光镜（图 5-13）。星光有十字、米字等形式，它们具有不同的视觉效果。

拍摄星光效果的照片最好在夜间或室内以及背景环境较暗的场景中进行，同时景物中具有点光源、亮斑、反光点等，如灯光闪烁的街景、星光闪耀的舞台、波光粼粼的水面、珠光宝气的各种金银首饰等，使用星光镜拍摄后，能进一步烘托主题内容、渲染画面气氛、增加艺术效果。

镜头的焦距、光圈大小和拍摄距离对星光效果的表现均有一定影响。镜头的焦距越长、光圈越大、拍摄距离越近时，星光四射的光线呈现越短粗、越朦胧，反之，星光四射的光线效果越清晰、越细长。

七、多影滤光镜

多影滤光镜也叫“多棱镜”，多棱镜是在一块无色透明镜片玻璃上磨制成多个不同的成像面，一般有三棱面、五棱面和六棱面等，镜头前使用多棱镜拍摄照片时，被摄主体会在胶片上形成多个主体影像，从而使画面产生变幻莫测的奇特效果（图 5-14）。实际拍摄时，多个主体影像的位置，可以通过转动多棱镜来进行改变，以获得最佳的构图效果。使用多棱镜时，画面中被摄主体的影像会增加，应注意被摄主体构图的大小，以及背景的简洁，否则拍摄的画面会显得杂乱无章。

图 5-14 多影镜效果

八、速度镜

速度镜是一种通过特殊工艺处理的透镜，该透镜的一半为透空或无色透明玻璃，而另一半为柱面凹凸感玻璃的特殊效果镜。通过该透镜可以拍摄出主体的影像前端清晰，后面大部分影像为拉伸形虚影的特殊效果，这样拍摄出的照片极具速度动感。速度镜一般装在活动的滤色镜框架内，在使用过程中可任意旋转，来实现被摄物体不同方向的运动效果。

速度镜主要用于表现物体快速运动的效果。在拍摄静物时，可以把静物改变成流动状给人以运动的感觉，使用它拍摄的照片就像运动物体飞速而至，戛然而止，画面动感强烈，富有情趣（图 5-15）

图 5-15 速度镜效果（高尖产品手册）

第四节　黑白滤光镜效果的数字处理与实现

摄影用的滤光镜很多，用胶片拍摄制作黑白照片时，使用滤光镜可以改变画面的影调结构、调节空气透视等，在创作的过程中，如能合适的选择使用，都可以得到意想不到的效果。但是在数码摄影横行的今天，很多滤光镜效果都能通过数码影像处理的方法制作出来，因此，滤光镜在摄影创作中的使用也越来越少，在摄影发展过程中将逐步被淘汰。数码影像制作的方法模拟滤光镜效果的操作通常体现在以下几个方面。

一、改变局部颜色的影调结构

改变画面中各部分的影调结构关系，是滤光镜在黑白摄影中的最大作用，在使用数码照相机拍摄制作黑白照片时，也可以使用滤光镜对画面中各部分的影调结构关系进行调节与控制，但是我们也可以使用数码照相机直接拍摄彩色数码照片，然后在后期数码制作成黑白照片时进行各部分的影调结构关系控制。

1. 改变蓝天影调

用数码制作的方法将彩色照片转变成黑白照片时，对画面中蓝色天空转变成灰色天空的灰度的控制可以做到随心所欲、所见所得，比实际拍摄时加用滤光镜更加方便快捷。

一般而言，画面中湛蓝的天空转变成黑白照片后成为淡灰的天空，这样的黑白照片显得松软无力，没有黑白照片特有的深沉力度。

为合理的配置画面中天空的影调，在图像处理制作中，一般可按如下步骤进行。

(1)在 Photoshop 中打开图片文件。

(2)打开“图片→调整→通道混合器”对话框。

(3)在通道混合器的对话框中，勾选“单色”按钮后图片就转变成黑白图片，然后调节对话框中红色、绿色、蓝色通道的调节滑块，图片中不同部位的影调结构就会不停的发生变化，在该图片的实际调节中，以天空的影调表现需要为主，兼顾其他部位的影调表现，可以获得不同深浅的天空影调效果(图 5-16、图 5-17、图 5-18)。

2. 改变对比，突出主体

彩色图片在转变成黑白图片时，如果对画面中某种颜色的影调需要提亮或压暗，也可以通过通道混合器进行调节与控制。

如图，画面中红色的花与绿叶在转变成黑白图片后，都显得较为灰暗，因此画面显得比较沉闷，为此可以通过图像处理制作按照如下步骤进行。

(1)在 Photoshop 中打开彩色图片文件。

(2)打开“图片→调整→通道混合器”对话框。

(3)在通道混合器的对话框中，勾选“单色”按钮后图片就转变成黑白图片，然后调节对话框中红色、绿色、蓝色通道的调节滑块，图片中红色的花与绿叶的影调结构就会相应地发生变化，红花和绿叶的对比度也会不停的发生改变，我们可以获得不同对比度

图 5-16 蓝天影调（一）

图 5-17 蓝天影调（二）

图 5-18 蓝天影调（三）

的照片，获得与加用不同颜色滤光镜拍摄的效果。（图 5-19、图 5-20、图 5-21）

同样的制作方法，彩色照片中人们所穿的红色服装，在转变成黑白照片时其影调的深浅也可以随心所欲地进行控制。（图 5-22、图 5-23、图 5-24）

图 5-19 调节红色通道

图 5-20 调节绿色通道

图 5-21 调节蓝色通道

图 5-22 调节红色通道

图 5-23 调节绿色通道

图 5-24 调节蓝色通道

图 5-25 调节红色通道

图 5-26 调节绿色通道

图 5-27 调节绿色通道

彩色画面中的多种颜色，运用通道混合器转变成黑白图片时，不同颜色之间的影调关系会出现较为复杂的变化。（图 5-25、图 5-26、图 5-27）

二、改变空气透视

滤光镜改变空气透视的作用运用数码制作的方法更加容易实现。

1. 增强画面的空气透视

如图 5-28，画面中远近景都很清楚，用数码制作的方法可以将远景部分淡化虚

图 5-28 原图

图 5-29 透视效果改变

化，以增强画面中空气透视效果，在处理制作时可以按如下步骤进行。

(1)在 Photoshop 中打开图片文件。

(2)打开“图层→新建→图层”对话框，然后点“确定”，则在原来图片上增加了一个新的图层。

(3)将前景色设为白色，点击使用渐变工具。

(4)点按可编辑渐变。

(5)打开渐变编辑器对话框，在渐变编辑器中选择前景到透明后确定。

(6)在图片的新建图层上用鼠标自上而下拖动。

(7)图片就会变成下面深上面浅淡的效果。

(8)在图层面板对话框中双击新建图层。

(9)弹出图层样式对话框。

(10)调节图层的透明度。

(11)图片的透视效果(上面浅淡下面深的效果)就会随之发生改变(图 5-29)，这样可以获得较为理想的画面透视效果。

2. 降低空气透视，提高远景的清晰度

如图 5-30，由于空气透视的存在，拍摄的照片近深远淡、近景清晰远景模糊，我

图 5–30 原图

图 5–31 远景的清晰度提高

们可以通过数码制作的方法将远近景的清晰度和深度调节得与近景接近，从而降低空气透视效果。

具体操作时可以通过调节图片的亮度/对比度、曲线、色阶等方法实现，以曲线调节为例，具体操作步骤如下。

(1)在 Photoshop 中打开图片文件。

(2)打开“图像→调节→曲线”对话框。

(3)在曲线对话框中调节曲线，将曲线的暗部向右拖，在曲线的中间增加调节点，并将调节点向上拉，使曲线向上凸起。这样图片的整体清晰度会提高，特别是远景的清晰度会提高，可以适当降低空气透视效果(图 5-31)。

6 第六章

黑白照片的层次与影调表现

层次与影调是黑白摄影的技术特征，也是黑白摄影的美学特征。被摄景物中，各种物体本身具有不同的明暗与色彩，它们在不同的光照情况条件下，对光线的吸收和反射特性不同，拍摄成黑白照片后，在画面上会形成相应明暗层次与影调结构。传统的胶片黑白摄影中，受胶片与相纸的宽容度和反差特性的限制，黑白照片的影调与层次表现受客观技术条件的限制，其表现力大打折扣，而数码黑白摄影中，数字图像制作的优越性突破了技术条件的限制，为黑白照片的层次与影调的表现带来了无限的创作空间。

第一节 数码照片的层次表现

黑白照片的层次就是照片中黑、白、灰级的表现，层次越丰富，照片中的黑白灰级就越多。层次丰富是黑白照片的基本要求，一般情况下，要求黑白照片中具有最黑和最白的亮度级，同时具有若干不同亮度的灰级。然而，不同的景物、不同的天气条件下拍摄出来的黑白照片，其层次的再现具有极大的差异，在数字制作过程中必须留意层次的表现。

图 6–1 阴天的景物无层次

一、低反差景物的层次表现

阴天条件下拍摄的低反差景物，照片中一般没有最黑和最白的层次，画面会显得灰蒙蒙的软弱无力(图 6–1)，这类照片的直方图通常在亮部和暗部均缺少像素(图 6–2)。在处理此类照片时，通常使用图像处理软件 Photoshop 的色阶调整进行处理，

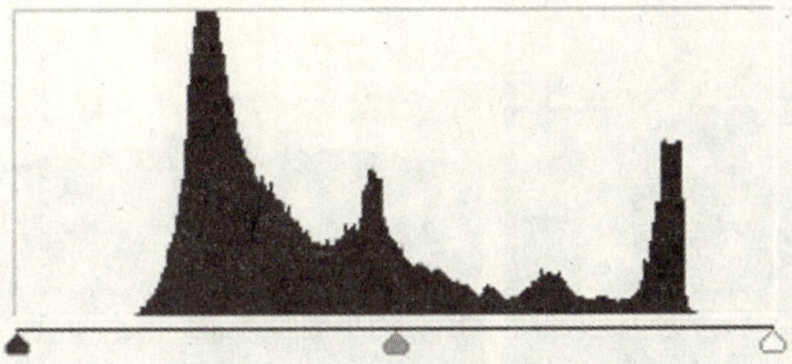

图 6–2 亮部和暗部均缺少像素

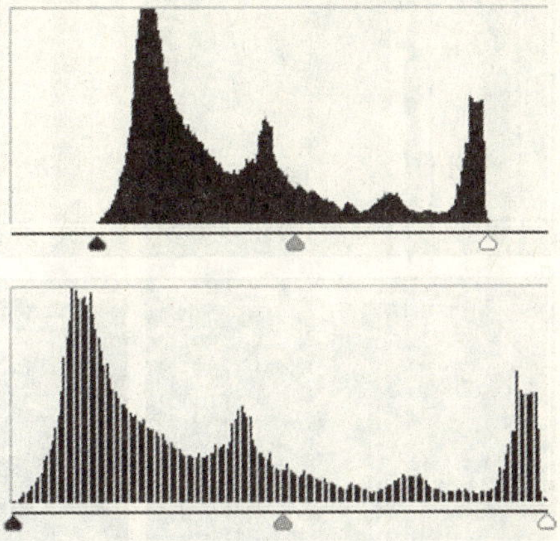

图 6–3 调节色阶

调节时将暗部滑块移动到色阶图中有像素的最暗位置，将亮部滑块调节到色阶图中有像素的最亮位置，这样能景物的层次展开到最暗（色阶为 0）和最亮（色阶为 255）之间，最大限度地丰富景物的层次（图 6–3）；然后再进行曲线调节，适当地调节图像的整体亮度和反差即可。综合调节后的照片，层次丰富、反差适中（图 6–4）。

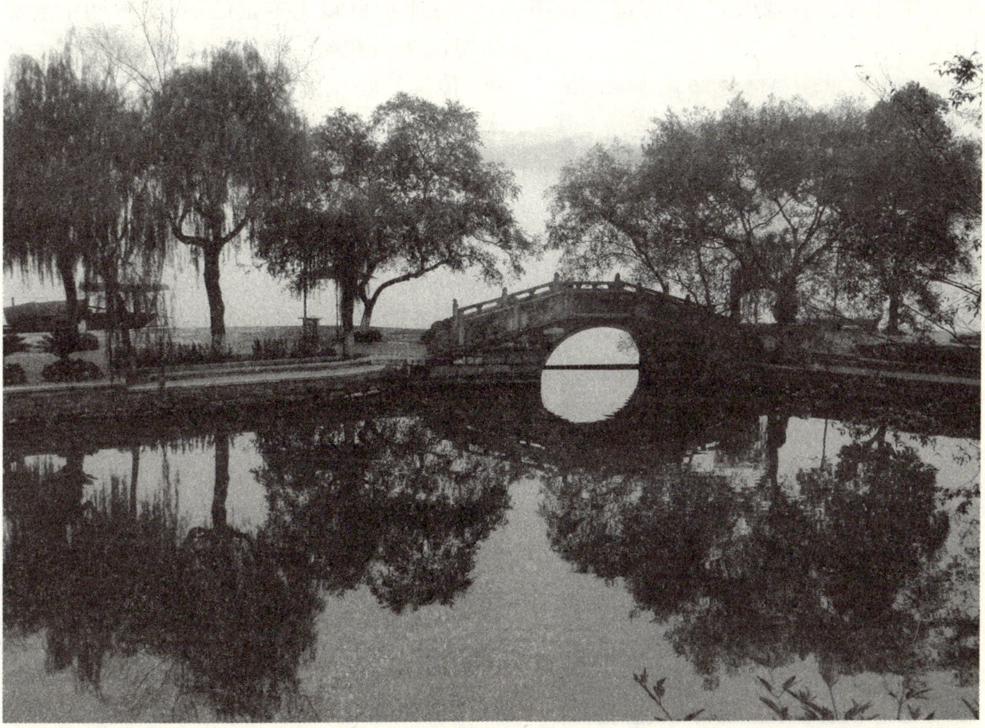

图 6–4 调节后的效果

图 6-5 素材(一)

图 6-6 素材(二)

图 6-7 素材(三)

二、高反差景物的层次表现

如果被摄景物的亮暗反差过大,在制作数码黑白照片时,平均曝光的照片,景物的中间层次表现极好,但亮部和暗部层次均有部分的损失;拍摄曝光过度的照片,景物中暗部层次表现极好,但亮部层次损失严重;而拍摄曝光不足的照片,景物中的亮部层次表现极好,而暗部景物层次损失严重。传统的胶片摄影方法欲将景物的亮暗层次完美的再现出来几乎是不可能的,在拍摄时只能根据主体表现的需要进行曝光处理与制作。

图 6-8 合成后的效果

使用数码摄影制作的方法,尽管影像传感器的曝光宽容度较小,被摄景物的反差过大,但是通过合成处理制作的方法,可以轻松的将被摄景物的层次完美的再现出来,具体操作如下。

拍摄时,拍摄 3 张照片,一张为平均曝光,主要保证景物的中间层次表现最佳;一张按照景物的亮部进行曝光,主要保证景物中亮部层次的表现;一张按照景物的暗部进行曝光,主要保证景物中暗部层次的表现。(图 6-5、6-6、6-7)

制作时,利用图层操作将三张曝光不同的照片合成为一张照片,合成时取三张照片中创作意图中需要的亮度层次,通过这种方

法，被摄对象的反差再大，我们也有办法将其层次最大限度地表现出来，合成后的景物层次极为丰富。（图 6–8）

三、画面局部的层次与影调表现

拍摄时的光照条件和景物本身的明暗决定了照片中各部位影调的明暗，在实际的照片中通常会遇到该暗的部位却亮度较高，该明亮的部位却比较暗；不需要的细节表现出来了，该表现出来的细节却损失了；整体影调结构中有突兀的亮区或暗区

图 6–9 加深黑白照片的天空影调（一）

图 6–10 加深黑白照片的天空影调（二）

图 6-11 加深照片中主体周围景物的影调，隐藏不必要的细节，突出主体的表现（一）

图 6-12 加深照片中主体周围景物的影调，隐藏不必要的细节，突出主体的表现（二）

等等。遇到这些现象就要进行局部影调处理，常用的处理方法是运用“减淡、加深工具”、“光照效果滤镜”、“选区调节亮暗”等。

1. 局部影调加深

在处理黑白照片时，经常要对照片的局部进行影调加深处理，这样才能使黑白照片更加深厚、凝重，才能使黑白画面更有力度、更加沉静，同时也能简洁画面、突出主体、表现主题。如加深黑白照片的天空影调，加深黑白照片边缘的影调，加深黑白

图 6-13 强化景物中局部细节的表现（一）

图 6-14 强化景物中局部细节的表现（二）

图 6–15 表现黑白画面的意境（一）

图 6–16 表现黑白画面的意境（二）

照片下部的影调，加深照片中主体周围景物的影调，等等，都能加强黑白照片的表现力。（图 6–9、6–10、6–11、6–12）

2. 局部影调减淡

减淡黑白照片的局部影调通常能强化景物中局部细节的表现，平衡画面的影调结构，表现黑白画面的意境，等等，同样能加强黑白照片的表现力。（图 6–13、6–14、6–15、6–16）

第二节　黑白影调的基本类型

摄影画面中的明暗层次结构与分布关系称为影调。在黑白摄影中，影调体现为画面中黑、白、灰的层次结构与分布；在彩色摄影中，彩色胶片除了能反映景物的色彩关系外，也能反映被摄景物明暗的层次结构关系，但由于色彩的原因，画面中的影调层次没有黑白照片那么明显。

图 6-17 《畅想》 李培林 摄

摄影作品的影调决定了画面的“第一眼效果”，因为人们对明暗与色块的视觉最敏感，总是首先感受到明暗层次的结构与分布，然后才辨别画面内容；“第一眼效果”的好坏，直接影响画面美感的传达和读者的欣赏心情，有的画面赏心悦目，能引起读者的情感共鸣，引诱读者对作品进一步仔细品味，而有的画面平淡无奇，甚至会导致读者的反感，从而对作品不屑一顾。因此，画面的影调对摄影作品的影响是不言而喻的。

摄影画面影调的控制，能形成特定的美感，形成一定的基调气氛，构成画面意境，强化画面主题的表现。根据摄影画面中黑、白、灰的结构与分布关系，或根据画面的明暗与色彩的结构关系，一般可以将画面的影调分为高调、低调、硬调、软调、剪影、半剪影、中间调等几类，不同的影调结构，画面中明暗的结构关系不同，对景物层次的表现力不同，会呈现出不同的画面氛围和艺术表现力。

一、高调

以浅灰、白色的影调层次以及亮度等级偏高的色彩为主构成的画面，画面中大部分面积为白色和高光区域，只有很小的区域为黑色和阴影，整个画面的色调比较简洁明朗，这样层次结构的画面影调就是高调（图 6-17）。高调照片分为软高调和硬高调两种:软高调画面上的影调差距很小，可以细致地表现被摄对象的层次结构；硬高调的画面影调很少，几乎只是用线条勾画出轮廓。

高调画面在构成上只有少量的暗色层次或亮度等级低的色彩层次，这部分层次与细节的表现在画面中是最好的，尽管这部分层次的面积较小，但在大面的亮色衬托下显得尤为引人注目，往往是画面的视觉中心。

由于人们的生活经验和自然现象引起联想，白色通常给人以轻、淡、雅的感觉，如天空的白云、白衣天使、白色的花朵等，会带给人们格外轻松愉快的情绪。高调画面大部分面积为白色层次，整体感觉明亮，给人以淡雅、清新、明快、纯洁的感觉。

高调画面适合表现对象通常为穿白色或浅色衣服的女性和小孩，以及玻璃器皿、白色或浅色的瓷器和银器等，在婚纱摄影和艺术人像摄影中，应用非常广泛。

高调照片的拍摄，必须掌握一定的技术技巧，一般情况下，应注意以下问题。

1. 背景的选择

高调画面的背景应该选择白色调或浅灰色调，在亮度上必须高于被摄主体的亮度，这是拍摄高调照片的前提条件。在摄影棚中拍摄时，对背景进行选择比较方便，选择更换不同的背景就可以了，有时背景的亮度不够还可以用背景光将背景的亮度提高，以满足高调拍摄的需要。在室外拍摄时，可以选取海边、空旷的天空、白墙等景物作为背景，要注意背景的干净，无深色块的景物，这样才能出现高调效果。

2. 被摄主体的选择

白色背景中，被摄主体色调必须清淡，这样才能与背景配合，形成高调效果画面，如果被摄主体的色调过于浓重，在白色背景衬托下会显得过于刺眼，破坏画面的高调气氛。拍摄人像时，被摄者要穿白色或浅色衣服，拍摄自然景物时应该选取浅色调的景物，主体、陪体、环境、背景的色调应尽量接近、协调。

3. 光线运用

拍摄高调照片时一般使用顺光照明，同时照明光线要柔和、匀称，拍摄人像时，人物脸部的光比不能超过 1:2，这样可获得反差平淡的效果。如果光比过大、主光光位偏侧偏逆，则画面中的明暗差别过大，暗区面积和深度会增加，也会破坏高调气氛的表现。

4. 曝光控制

拍摄高调照片时，应特别注意曝光控制，为了使拍摄的照片达到亮白的高调效果，拍摄画面在整体上的曝光应在正常曝光的基础上增加一到二挡，这样拍摄出照片背景更白，主体层次表现更清淡，高调效果的表现会更好。

在摄影棚拍摄时，应特别注意主体和背景的曝光控制，一般情况下，曝光以被摄主体为测光依据，背景的亮度比主体低时，背景偏暗，不能形成高调效果；背景的亮度与主体的亮度一样时，拍出来的照片主体清楚、背景雪白，高调的效果就出来了；背景的亮度比主体亮度高，曝光比主体高两级左右时，背景就会更加亮白，高调的效果就会更明显；但背景亮度过高，超过主体亮度 3 级以上时，会

图 6-18 影棚拍摄的高调人像

出现光渗现象，背景中的亮度向主体中渗透，人物的衣服及头发中都会有光渗现象，反而会影响高调效果的表现。（图 6–18）

5. 暗房制作

在制作高调照片时，胶卷冲洗可以适当冲厚一些，放制照片时，应以主体层次的表现为基准，保留主体细节的同时应尽量提高整个画面的亮度，不应加深阴影，以保证不破坏原有的明亮效果。后期制作还可以弥补拍摄时的不足，如背景中杂乱的暗区、背景亮度不够等因素对高调效果的影响，对这些底片可以使用局部涂红的技法，将底片中不需要的杂乱暗区涂红，这样放制出来的照片中杂乱的暗区就会变成亮白色调，从而突出高调效果的表现。

6. 数码影像制作

在使用 Photoshop 制作照片时，对高调的营造手法更为自由，大部分照片可以制作成高调照片，制作时必须将被摄主体与背景分离，分别调整它们的亮度、对比度、色调等，可以对被摄景物中的局部进行亮度、对比度的调整，甚至可以直接更换白色背景，对高调效果的完美表现可以做到随机应变、游刃有余。

如图 6–19，是层次丰富的中间调，将它制作成高调的步骤如下。

(1)在 Photoshop 中打开图片。

(2)对画面中的主体进行精心的选择。

(3)将选择区域以一定的羽化值复制，并粘贴形成新的图层 1。

(4)将画面的背景色设为白色。

图 6–19 层次丰富的中间调

图 6–20 完美的高调

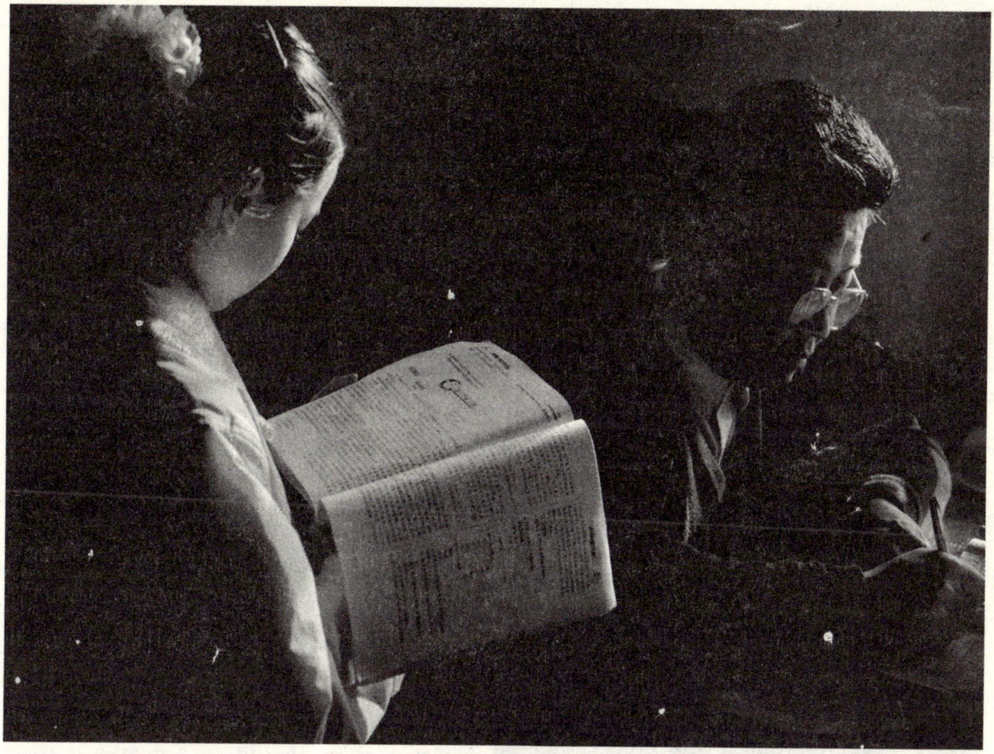

图 6-21　低调照片

(5)对画面的背景图层进行操作，全选画面并删除画面，则画面主体所在背景变成白色。

(6)调节主体图层的亮度、对比度，可以获得完美的高调画面(图 6-20)。

二、低调

低调照片与高调照片相反，画面中大部分面积为深灰和黑色的影调层次，只有很少的区域为浅色调。以黑、深灰及亮度等级偏低的色彩为主构成的画面称为低调画面(图 6-21)。低调照片的基调是以深灰、浅黑、黑色影调为主的暗部层次，整个画面的色调比较凝重深沉，画面对暗部层次的表现要求较低，甚至层次可以完全损失为黑色层次；画面中浅色调占的面积很小，但亮部层次表现极为丰富，通常是画面中的视觉中心。低调分软低调和硬低调两种：软低调是以较小的反差，表现出被摄对象的暗部丰富的影调层次；硬低调则是以较大的反差，突出被摄对象的轮廓。

在日常生活中，黑色通常给人以凝重的视觉感受，在乌云密布时，会给人压抑、沉闷的情绪感受。低调照片的画面给人整体的视觉就是黑压压的一片，因此，照片的整体气氛神秘、凝重、深沉、压抑、忧郁。

低调的照片效果在人像摄影、静物摄影、广告摄影使用得较多，在人像摄影中运用低调效果，比较适合人物个性、气质、情感、性格的表现，具有悠悠的神秘感。

拍摄制作低调照片时应注意以下问题。

1. 背景的选择

拍摄低调照片时，应选用深色背景，在摄影棚里比较容易控制，在自然光的条件下，深色背景通常有深绿色景物、阴影下或光线照射不到的景物等。低调画面中暗部的面积应该足够大，应该表现得足够黑，可以适当保留暗部的层次及反差，能够突出照片的神秘效果。

2. 被摄主体的选择

低调画面中主体的影调也应该有足够的深度，同时不可缺少少量的白色或亮度等级偏高的亮色。如拍摄低调人像时，人物应穿深色衣服，其他头饰、帽、围巾等饰物也应以深色为主，陪体的色调也要比较深，并且与主体的低调相协调。这样不但能形成凝重深沉的低调画面，而且画面中面积很小的亮色调能使整个画面充满生气，能更好的突出主体、表现主题。

3. 摄影用光的选择

拍摄低调照片时，摄影用光应以直射的侧逆光、逆光、顶光照明为主，它是获得低调画面的必要条件。在这些光线照明条件下，被摄体容易产生轮廓感，被摄景物被照亮的部分面积较小，有利于形成大面积的黑暗区域，形成深黑色背景，从而有利于低调画面的形成。

图 6-22　影棚拍摄的低调人像

如拍摄人物，使用侧逆光照明时，人物面部有 70%以上，背景也将大部分处于暗影区，处于暗影区，这样很容易就形成了低调人像照片，低调人像对深沉、成熟、神秘具有独特表现力和内涵。

4. 曝光控制

拍摄低调照片时，故意曝光不足，画面影调会变深，画面中暗区的面积将变大，画面的深黑色会更加凝重有力，更有利于加强低调画面效果的表现，实际拍摄时，通常对被摄主体侧光，然后在此基础上再减 1~2 挡曝光。（图 6-22）

5. 暗房制作

在后期制作过程中，为了使画面中的黑度纯净，避免出现杂乱的亮色影调，可以在照片放大过程中进行局部遮挡，对于黑度不够的区域增加放大曝光量，强迫其色调加深，形成完美的低调效果照片。

图 6-23 层次丰富的中间调

图 6-24 完美的低调

6. 数码影像制作

在 Photoshop 制作中，低调照片效果的控制比较容易，制作时，选用能够形成低调效果的照片，根据画面低调表现需要和被摄景物亮暗的需要，对画面进行局部明暗、对比度等调节，能轻轻松松地制作出低调效果的照片。

如图 6-23，是层次丰富的中间调，将它制作成低调的步骤如下。

(1)在 Photoshop 中打开图片。

(2)以画面中主体部位的亮度为基准进行亮度、对比度的调节。

(3)将画面中不需要的亮度细节压暗，甚至涂成黑色(图 6-24)。

另外对有些图片还可以进行更为彻底的处理。

(1)对画面中的主体进行精心的选择。

(2)将选择区域以一定的羽化值复制，并粘贴形成新的图层 1。

(3)将画面的背景色设为黑色。

(4)对画面的背景图层进行操作，全选画面并删除画面，则画面主体所在背景变成白色。

(5)调节主体图层的亮度、对比度，也可以获得完美的高调画面。

图6-25 《伞》张宁 摄

三、硬调

摄影画面主要运用明暗两极的影调构成影像，画面中景物明暗对比极为强烈，高光和暗部缺乏甚至没有层次，中间层次较少，缺乏层次过渡，整体效果明亮，这样的画面层次影调结构称为硬调（图 6-25）。

硬调是画面上明暗两极影调各占一定比例，过渡趋势急剧，近似木刻的风格。硬调画面往往给人一种生气、力量、兴奋之感，硬调表达的情绪结实、厚重、有质感、矛盾关系尖锐，硬调经常和人们紧张、惊险、恐怖等情绪相对应，适于表现战争和恐怖的气氛，也适合表现粗犷豪放的情绪。

硬调画面的拍摄多采用侧光、侧逆光、大光比，在处理制作过程中不必刻意追求细节，应保持原有的暗部密度，亮部应拉至最亮，以求突出高反差效果，这类照片通

图6-26 中间调

图6-27 硬调

常是一些剪影、逆光、侧逆光等效果以及强调质感的照片。

数码处理的方法制造硬调效果照片较为简单，一般将图片的反差拉大，使其损失部分中间层次即可获得硬调效果。图 6–26 影调为中间调，图 6–27 为硬调。

图 6–28 软调风光

四、软调

软调照片是密度范围很小的照片，画面中没有明显的暗部和高光区域，景物受光面和背光面的明暗对比柔和、色彩对比和谐、反差小、质感细腻，影调过渡平缓，中间过渡层次极为丰富，有丰富的细节，有时照片会有沉闷的感觉。（图 6–28）

软调照片具有柔美的视觉感受，软调画面适宜表现松弛、舒缓、温和的心理情绪。通常用于表现浓重的雾色、细雨霏霏的感觉，并且非常有利于再现细腻的皮肤质感。

拍摄软调照片时，应选择明暗差别较小的景物，运用散射光照明或正面光照明，减少画面中的投影，降低照片的反差。在处理制作软调照片时，为避免画面过于沉闷，可通过压低暗部，提高亮部来提高反差，舍弃过于丰富的细部层次，适当保留中间层次，但不能破坏照片的整体软调效果。另外，在逆光拍摄时，为降低画面的反差，营造软调效果，可以通过局部的补光处理来平衡影调结构。

数码制作方法营造软调效果照片也比较简单，数码处理制作时将图片的反差降低，并提高画面中过于浓黑部分的亮度，即可获得软调效果的照片。图 6–29 的影调为中间调，而图 6–30 为软调。

图 6–29 中间调

图 6–30 软调

图 6-31 中间调

五、中间调

中间调是介于高调和低调、硬调和软调之间的一种影调层次的结构与分布关系，在摄影画面中是最为常见的一种影调结构，我们平时拍摄的照片多为中间调。

中间调的画面反差适中，层次丰富，画面中亮部、暗部和中间层次均有良好的表现。拍摄时，选用前侧光照明，严格控制曝光，最大限度地再现被摄景物的层次，比较容易获得中间调的照片（图 6-31）。

六、剪影与半剪影

剪影照片是一种特殊的影调结构形式，画面中主要被摄对象在画面上表现为黑影状态，其内部没有任何影纹层次，有如美术作品中的剪纸图样，被摄主体在明亮的背景环境中只能表现出其黑影轮廓形态。（图 6-32）

剪影照片表现的只是物体的轮廓，而不要求描绘它的影纹层次，虽然剪影照片上的主体是黑色的、没有层次的，但是人物的轮廓、姿态和景物的风姿却能透过黑影轮廓清楚地告诉观众。如果主体影像以黑为主而有带有少量影纹层次，则为半剪影效果。（图 6-33）

剪影或半剪影的硬调形式，适合表现建筑物、工地场景以及人物的动作、姿态和轮廓的优美。剪影照片完全舍弃了被摄主体影调细节的表现，大量地舍弃了丰富的中间影

图 6-32 剪影照片

图6-33 《凡露丝卡》霍斯特·保罗 摄

调，使照片呈现出强烈的深浅影调对比，具有含蓄的韵味和奇妙的艺术效果，可以取得意想不到的效果，能在平淡的场景中创作出神奇的照片，很多摄影爱好者都喜欢使用这种艺术表现手法。

剪影效果的拍摄一般需要注意以下问题。

1. 背景的选择

拍摄剪影照片一定要选择明亮的背景，只有亮背景才能衬托出人与景物的黑影轮廓。如天空或明亮的水面、浅色的建筑物、烈日下的沙漠等，也可以是光线照亮的白墙、白布，以及比主体亮若干级的各类景物。

同时对背景的选择应注意避开杂乱的景物，背景中应尽量避免出现较大面积的暗区，使背景相对整洁、统一，这样画面才会简洁，主体才能突出。如黝黑的山石、黑色的阴影等，他们极有可能与被摄主体的剪影产生不良重叠，使剪影主体与背景中的深色块混淆在一起，使剪影主体变得奇形怪状，破坏画面造型效果。

2. 被摄主体的选择

剪影画面中，被摄主体则应是深色的、不透明的，透明的物体如玻璃器皿、水晶工艺品、半透明的玉器等，就不可能拍摄成剪影效果。如果拍摄人物剪影，被摄者应穿深色衣服。

3. 拍摄角度的选择

由于剪影照片只表现人和景物的轮廓形态，不能清晰地表现其内部影纹层次，被摄主体要展示优美的造型轮廓形态，应选择最能显示被摄主体形象特征和最生动优美的角度拍摄。如拍摄中近景人像剪影，通常只能采用侧面拍摄的方法来进行表现，从侧面拍摄，能充分显示侧面的脸部轮廓，若从正面或背后拍摄，仅见一个投影加两只耳朵，既难看又无相貌特征。如果拍摄人的全身像剪影，应选择其生动优美的或带有一定情节举止的身影，通常侧面拍摄也是较好的拍摄角度。如果表现花枝、动物、雕塑等景物的剪影效果，同样必须仔细选择拍摄角度，充分显示其外形特征，力求具有美感和生动性。

4. 摄影用光的选择

拍摄剪影照片时，一般使用逆光照明，逆光是拍摄剪影照片最重要的条件，逆光照明能勾勒出被摄主体的轮廓形态,能将各种优美造型抽象地表现出来。

室外拍摄剪影照片时,一般选择清晨或黄昏,此时光位较低、生动,迎着光线拍摄的景物,其中间层次会减弱甚至完全消失,都会出现独特的剪影效果,被摄主体的轮廓形态尤其清楚、突出。

室内拍摄剪影照片时,被摄主体可以在门窗前,以室外景物为背景,由于主体亮度远小于室外景物亮度,同样能形成良好的剪影效果。

逆光拍摄剪影照片时应注意镜头眩光的控制,逆光照明时产生的眩光会使底片出现灰雾,会影响拍摄效果,此时应注意变换拍摄点,或在镜头上安装遮光罩,或使照相机处于阴影之中。

5. 曝光的控制

拍摄剪影照片时,要求背景亮度较高,被摄主体亮度较低,曝光控制应以背景的亮度为测光依据来确定曝光量,这样背景的层次能够较好的表现出来,而被摄主体就会由于曝光不足,只能形成黑影的轮廓形态,从而形成剪影照片。如果按主体亮度进行曝光,被摄主体的层次能够较好的表现出来,而背景却会由于曝光过度而成为雪白一片,那就不是剪影照片了。

第三节 影响影调控制的因素

影响人物摄影中影调形成的因素很多,主要有照明情况、被摄体的情况、拍摄时曝光量的掌握等。

在摄影创作中,被摄景物因有的明暗与色彩,用光与曝光,取景与剪裁,冲洗与扩大,均对画面影调的形成有重要的影响。影调的处理,对于摄影构图、气氛、线条、质感、主体感和空间感等造型因素,也同样有重要的影响。

画面的调子如何,受所摄内容、现场光线、拍摄措施、感光材料及制片工艺等多种因素影响,因此涉及技术范畴和艺术造型两大方面,前者是画面构成和摄影功底的基础,后者是作品意蕴与审美追求的显示,两者相互渗透,便是体现摄影水平以至创作才华的一个重要标准。

一、被摄景物

被摄景物本身的明暗层次分布直接决定了画面的硬调表现形式,如被摄者的面部肤色,服装颜色深浅,环境、背景的亮度,道具颜色的深浅等,对拍摄照片影调的高低有直接的影响。如果它们都为浅颜色时,画面容易形成高调效果,反之就容易产生低调效果的照片。

画面中被摄景物的亮度差别较大时,容易表现成硬调效果,反之,容易形成软调效果,主体亮度比背景亮度低很多时,容易形成剪影效果。

二、摄影用光

摄影用光时,照明光线的强弱,光质的软硬以及照射角度,都或多或少地影响着被摄景物在画面中的影调，会使被摄景物形成不同照明面积和光比，使画面构成不同的明暗层次分布，从而影响整个画面的基调和影调形式。

被摄景物在顺光照明下，被光照的面积大，阴影部分面积小，容易形成高调和软调的画面效果；前侧光、侧面光照明，容易形成中间调效果；逆光、侧逆光照明，被摄景物受光面积很小，阴影面积很大，容易形成低调、硬调和剪影效果。直射光照明时，光影偏硬，拍摄出来的照片影调偏硬，容易形成硬调画面；散射光照明时，光影偏软，画面中几乎没有阴影，容易形成软调以及高调画面。

三、曝光控制

拍摄照片时，曝光量多少的控制，按被摄景物中哪一个部位的亮度作为曝光依据，直接影响照片的基调和影调形式。

准确曝光的照片是层次丰富的中间调。曝光过度会损失亮部的影调层次，画面明亮，容易形成高调画面；曝光不足会使暗部的影调层次受到损失，画面基调颜色偏深，容易形成低调画面。

在侧逆光照明下，背景颜色较浅，如果按照背景亮度为曝光依据，容易形成剪影的画面；背景的色调较深，如果按被摄主体的亮部为曝光依据，拍摄出的照片就会出现低调的效果。

四、拍摄点的选择

改变拍摄点可以改变拍摄的方向、拍摄高度和拍摄距离。由于被摄对象通常是三维的立体形态，在不同的光线照明条件下，会形成不同的明暗分布和明暗差别，使被摄体显现出不同的立体感。改变拍摄点就会改变光线的照射角度，从而改变画面中景物的明暗分布和对比关系，直接影响画面的影调结构形式。

五、滤光镜的使用

在照相机镜头前加用滤光镜，能改变拍摄照片的影调结构，一般情况下，滤光镜只能使被摄景物的硬调变软，因此只有在营造软调、软高调、软低调效果的照片时才会使用滤光镜。另外，黑白摄影中滤光镜的使用能改变被摄景物的影调结构，在运用时，应为画面的影调表现形式服务。

六、感光材料的影响

摄影用的感光材料种类很多，不同的感光材料其感光度、曝光宽容度、颗粒性、反差等性能各不相同，其中感光材料的反差性能对拍摄照片的影调表现影响最大，为了获得理想的影调效果，对于不同的拍摄对象应选择不同反差性能的感光材料。如拍摄硬调、硬高调、硬低调、剪影照片应选择高反差的感光材料，拍摄软调、软高调、软低调照片应该选择反差低一些的感光材料。

七、后期制作

胶卷的冲洗和照片的放大过程中，对影像的反差、层次可以进行一定范围的调节控制，因此，对于画面的硬调结构也可以进行适度的调整。另外，暗房制作特技可以对画面中的影像进行局部的亮度、反差、层次调节和控制，它使照片影调的控制如虎添翼，不过暗房特技的技术要求较高，必须有丰富的暗房制作经验和熟练的暗房技术，才能在暗房中将影调控制得得心应手。

然而随着数码技术的发展，现代照片的后期制作均实现了数字化，制作处理照片可以直接在计算机中用 Photoshop 来进行。在 Photoshop 中可以对照片进行局部明暗、对比度的调节，可以添枝加叶，可以将不需要的局部彻底移除、更换，这样对画面影调的控制就更为自由自在，而且 Photoshop 简单易学，实现起来方便快捷，是现代摄影中影调调整与控制必不可少的手段。

黑白摄影的高调、低调、硬调、软调、中间调、剪影等影调效果，表现出的画面或淡雅清新、或浓重深沉、或简洁抽象、或清纯明朗、或丰富细腻、或粗犷强烈，呈现出异彩纷呈的效果，拍摄时对影调的选择与控制，应当满足被摄对象表现的需要，符合作品所要表达的主题意蕴和作者的思想情感，达到情与景、意与境的融合，形成动人的艺术氛围和韵味，产生相应的艺术表现力和感染力，具有特定的艺术魅力，只有这样才能引人入胜、激发联想，使欣赏者回味无穷。

7 第七章

黑白照片的质感表现

摄影的精密描写能力，主要体现在摄影画面能将被摄体细微的部分作精细地描写，通过影调或色调把被摄体的表面质地、细部纹理、光影效果栩栩如生地表现出来。现实生活中的各种物质都有不同的质地，柔软的棉花，坚硬的钢铁，粗糙的树皮与麻袋，铨亮的不锈钢，晶莹剔透的玉石，艳丽夺目的花草等等，如人的皮肤，由于年龄、性别、境遇的不同，其皮肤的特征在画面中有截然不同的表现，呈现出不同的视觉感受，沧桑的老人皮肤干燥皱纹深刻；年轻的少女皮肤光滑柔润；天真的儿童皮肤光洁无暇，画面中不同皮肤的表现，能刻画人物的性格，给人以可触摸的感觉，使人物生动亲切。

第一节 质感的概念

质感是指被摄体表现结构的性质在照片上再现的真实感，是被摄体的材质及表面所形成的视觉特征。质感与各种材质对光的吸收和反射性质有关，它是人们以往的触觉经验与视觉经验结合时透过视觉感官所反映的一种心理影响。具有一定视觉经验的人，可以直接靠视觉去感受被摄对象的质感，在画面表现中，我们经常通过质感的表现，使观众可以通过照片感受到被摄对象的重量、软硬、粗细、厚薄、干湿等。（图 7–1、7–2）

图 7–1《鹦鹉贝》 爱德华·韦斯顿 摄

图 7–2《青草与烧焦的树干》 A.亚当斯 摄

第二节 质感的类型

根据被摄体本身的表面结构，以及被摄体对光线的反射、透射和吸收情况，各种被摄体可以分为以下几种质感类型。

一、不透光的光滑物体质感

这类物体一般具有较为光洁的表面，物体上明暗过渡连续，有些反光率较高的光滑物体,亮暗对比极为强烈。如少女和儿童的皮肤,油漆涂饰的物体,抛光过的岩石,釉质发亮的陶瓷,锃亮的金属、镜面等,这些物体质感在拍摄表现时对用光要求极高,通常应使用散射的前侧光照明。

特别是反光特性接近镜面反射的金属表面质感,它们质地坚硬,表面光洁度极高,反光极强,反光方向单一,容易形成亮光斑,表面的明暗和光影反差极大,往往产生强烈的高光和阴影,更加应该注意运用散射光的运用和光线照明方向的控制。

实际拍摄时,应运用明暗对比的手法表现其光影闪烁的特点;应注意对明暗层次的概括和归纳,避免光影零乱的感觉;表现金属质感还应注意处理其边缘时,要清晰干净利落,这样才能表现金属结实,坚硬的感觉;应根据金属物体表面的形体特点,采用不同程度和方向的散射光,表现不同的明暗方向,再现不同的物面之间的起伏和转折关系。

图 7-3 金属材质较难表现

如拍摄硬币、金属牌匾、金属质感的包装盒等,金属质感的内部层次很难表现,在画面中不是亮白一片,就是漆黑一片,失去其内部层次与质感(图 7-3)。表现这些物体的表面质感对摄影用光提出了特别的要求,通常在被摄对象的四周必须具有较

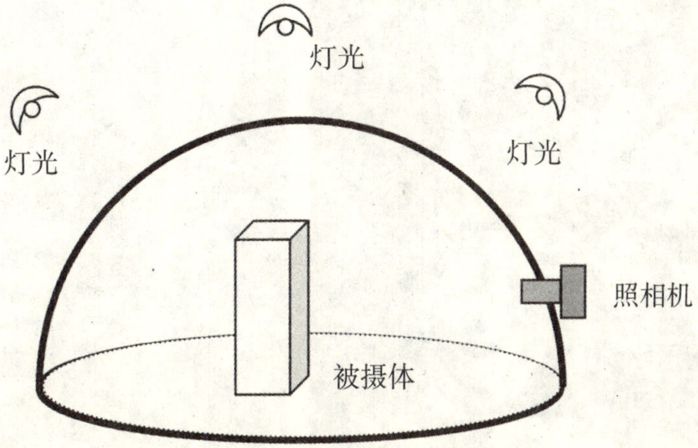

图 7-4 静物摄影罩

为均匀的光线照明，为此，许多摄影专业人员，自己动手定制静物摄影罩（图 7–4）。静物摄影罩为半透明物质，在静物摄影罩外面布置灯光，被摄物体放置于静物摄影罩中间，照相机镜头从景物摄影罩上的小洞对被摄体进行取景拍摄。这样被摄体受到的光线照明在各个方向上都是比较均匀的，对反光较强且较为平整的金属表面质感有极好的表现。

而对于镜面质感的表现，通常不可能运用摄影用光控制的方法将镜面单独表现出来，一般是通过镜面中反射出的被摄体或环境来进行表现。

二、不透光的粗糙物体质感

这类物体的表面结构粗糙，表面有细密疏松不等的凹凸起伏，对光线的反射断断续续极不均匀，光线反射方向杂乱，如老人的皮肤，粗糙的树皮，未经加工过的石材，粗编的纺织物，头发，等等。摄影表现时，强化这些物体的表面凸凹起伏，就突出了它们的质感特征。

使用直射光照明，能强化粗糙物体的表面质感的表现，直射光照明时，光影感较为强烈，物体表面的凹凸起伏的明暗差距较大，凹凸起伏的感觉更加强烈，更能表现物体表面的粗糙质感（图 7–5），而使用散射光照明时，质感会严重下降（图 7–6）。

光线的照明方向对粗糙表面的质感表现也有直接影响。顺光照明时，光影感最

图 7–5 直射光能强化物体质感的表现

图 7–6 散射光会削弱物体质感的表现

弱，物体表面的凹凸起伏中没有阴影，因此凹凸起伏的明暗差别最小，对粗糙质感的表现最差，光线在偏向前侧光、侧面光、侧逆光、逆光的过程中，物体表面的凹凸所形成的明暗差别越来越大，因此，对粗糙表面的质感表现也会越来越强。

图 7-7 玻璃质感强烈

三、透明的光滑物体质感

这类物体大都经磨砂工艺处理，其表面结构光滑如镜，内部透明性较高，受到光线照明后，大部分光线发生透射，少部分光线发生方向较为明显的反射，容易形成强烈的高光，拍摄出来的照片具有特别的光影效果。如透明的玻璃、冰块、水、水晶等。

图 7-8 玻璃质感相对较弱

透明物体质感的表现，如无色透明的玻璃杯，一般情况下使用侧逆光、逆光照明，配合暗背景可以强化玻璃质感表现（图 7-7），而使用顺光照明时，玻璃的质感表现较弱（图 7-8）。

另外，水、冰、水晶等，由于其形态结构、颜色、透明度和所处的环境不同，质感表现手法也不一样。如水在静止时，清澈透明表面平整如镜，水中的石头和水草清晰可见，如果在波动或流动的情况下，受逆光照明时，则会产生波光粼粼质感，水的质感呈现出不同的形态。

透明的物体由于具有透明性、其色彩往往透射出它所遮挡的部分或背景的色彩，根据其透明度而定其反透出的背景或物体的颜色，如果透明物体本身有颜色的话，在表现其质感时则需要考虑到本身固有色和背景色之间的关系。

第三节　影响黑白照片质感表现的因素

黑白照片的技术质量直接影响被摄体表面质感的表现，只要是有利于提高影像清晰度的技术手段，都能强化画面中被摄体质感的表现。如胶片的选择、小光圈的利用、三脚架稳定照相机拍摄、镜头成像质量、景深控制、曝光控制等，另外，光线的运用、景别的运用、滤光镜的运用、对比的运用等对画面中被摄主体质感的表现影响更大,在表现被摄主体的质感时更具有主观能动性。

一、光线的运用

恰当的用光是表现质感的关键,被摄体表面结构不同就需要不同的用光。在实际拍摄时,要根据不同物体的表面结构来确定光线的性质、光线的照明方向。

一般情况下,拍摄照片时,照明光源的性质越软,越有利于柔和与光滑物体的表面质感表现,照明光源的性质越硬,越有利于粗糙和透明物体的表面质感表现;照明光源的照明方向在45度前侧光时,对物体表面质感的表现比较接近于人眼的视觉习惯,照明光源的照明方向越偏向正面光,越有利于柔和与光滑物体的表面质感表现,但是不利于粗糙和透明物体表面质感的表现,越偏向逆光,对于粗糙和透明物体的表面质感的表现越夸张,但是不利于柔和与光滑表面质感的表现。

二、景别的运用

对于远处看上去表面比较光滑的物体,拍摄成特写画面后,其局部细节将被再现出来,那就不一定是光滑的,而会出现粗糙的纹理,如人像摄影中,拍摄脸部特写,光洁的肌肤会出现细小毛孔、肌肤的纹理等,而拍摄成中景、全景,人的脸部细节就看不出来,而显得光滑柔润。

因此,同一被摄主体在相同的光线条件下,拍摄时使用的景别不同,对被摄体的表面质感的表现力不同,景别越接近特写,将被摄体拍摄得越大,其表面细节越清晰,物体表面的凹凸起伏情况越明显,因此能强化被摄体表面粗糙的质感表现,而拍摄时景别越接近远景,被摄对象的细节越不清楚,越不利于粗糙物体表面质感的表现。如锈蚀的金属门锁、油漆斑驳的墙面等,只有将它们拍摄得很大,其质感才能表现得很好。

三、滤光镜的使用

在表现柔和与光滑物体的表面质感时,通常会使用滤光镜,常用的滤光镜有雾镜和柔焦镜,拍摄时,在镜头前使用这些滤光镜,能极大程度地降低被摄物体表面的凹凸起伏感,使粗糙的物体表面变得柔和光滑。如拍摄人像时,使用柔焦镜能将人物的皮肤拍摄得光滑柔润。

四、质感对比衬托的运用

相同质感的被摄体在不同的背景环境衬托下,给人的视觉感受是不同的,如光滑的玉器在粗糙的麻编织物的对比衬托下会显得更加晶莹剔透,纤弱光滑的细藤、树叶在粗糙的树干上显得更加柔和光滑,等等。因此为强化被摄对象表面质感的表现,应该充分画面中的质感对比,将需要强化表现的被摄体质感表现得更为醒目。

8 第八章

数码黑白摄影特技与创作

数码黑白摄影的后期创作主要体现在数码影像处理软件强大的制作功能方面，以创作者的创作意图和主题思想的表达为出发点，利用数码制作软件的滤景效果、图层操作、图像变换等功能，能够实现传统黑白摄影特技的所有效果，同时还具有种类繁多的其他特殊效果制作，合理地运用数字制作特技，能够强化创作者创作意图和主题思想的表现，数码黑白摄影的后期创作过程中将摄影艺术带入了别开生面的境地。

第一节　传统黑白暗房特技的数字制作

一、叠放特技的实现

两张底片(图 8-1、8-2)叠加在一起放大制作可以获得另一种效果(图 8-3)。这种效果在计算机中的实现更加简便,具体操作步骤如下。

(1)在 Photoshop 中打开这两张图片。

图 8-1 底片(一)

图 8-1 底片(二)

图 8-3 夜秦淮

(2)将图 8–1 中的月亮选中,并复制。
(3)在图 8–2 中粘贴,这样就增加了一个图层 1。
(4)对图层 1 操作,将图层 1 中除月亮外的黑色区域以一定的容差选中。
(5)删除黑色区域。
(6)调整月亮的大小和位置。
(7)调整月亮的亮度和对比度。
这样就完成了叠放特技的数码制作。

二、套放特技的实现

与叠放特技一样,在用数码制作方法实现套放特技时,关键是将需要进行组合的素材进行精确的选择,并精确地抠图抠出来粘贴到其他图片中,使各素材与

图 8–4 素材(一)

图 8–5 素材(二)

图 8–6 套放后的效果

图片天衣无缝的组合到一起(图 8-4、8-5),制作成最终的套放图(图 8-6)。

三、色调分离效果的实现

如图 8-7,可以用数字制作的方法制作成色调分离的效果。具体制作步骤如下。

(1)在 Photoshop 中打开图 8-7。

(2)点击“图像→调整→色调分离”,弹出“色调分离”调节对话框,一般选择色阶为 4(图 8-8),然后确定即可(图 8-9)。色阶的选择对色调分离的效果有直接的影响。色阶为 2 时,画面中只有黑和白两极色调,得到的照片为木刻效果(图 8-10);色阶为 3 时,画面中有黑、白、中灰三极色调。

图 8-7 原图

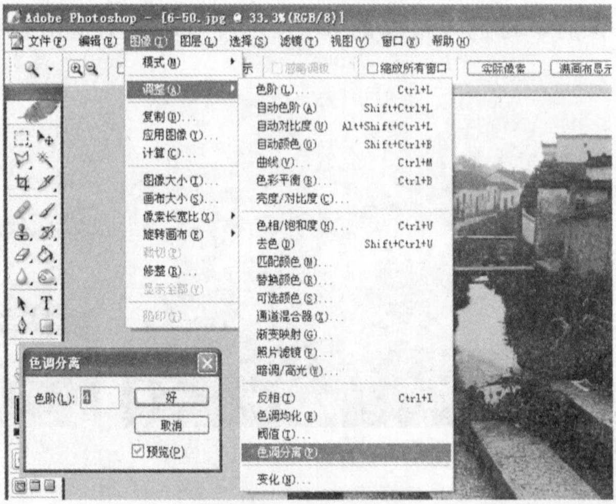

图 8-8 调节色调分离

图 8-9 色调分离效果

图 8-10 木刻效果

图 8-11 原图

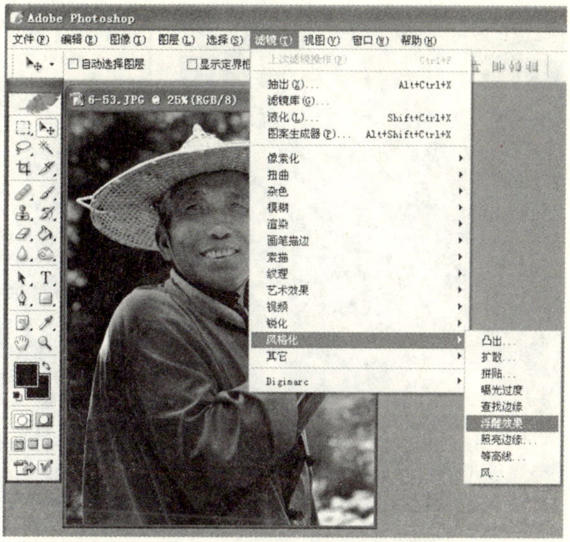

图 8-12 选择“浮雕效果”

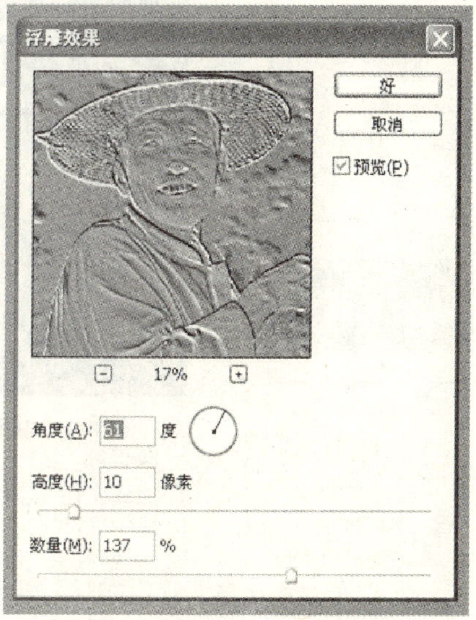

图 8-13 调节参数

图 8-14 最终效果

四、浮雕效果效果的实现

如图 8-11，可以用数字制作的方法制作成的浮雕效果照片。具体制作步骤如下。

(1)在 Photoshop 中打开图图 8-11。

(2)点击“滤镜→风格化→浮雕效果”，(图 8-12)，弹出“浮雕效果”调节对话框(图 8-13)，调节角度、高度、数量，然后确定就可以获得浮雕效果照片(图 8-14)。

图 8-15 原图

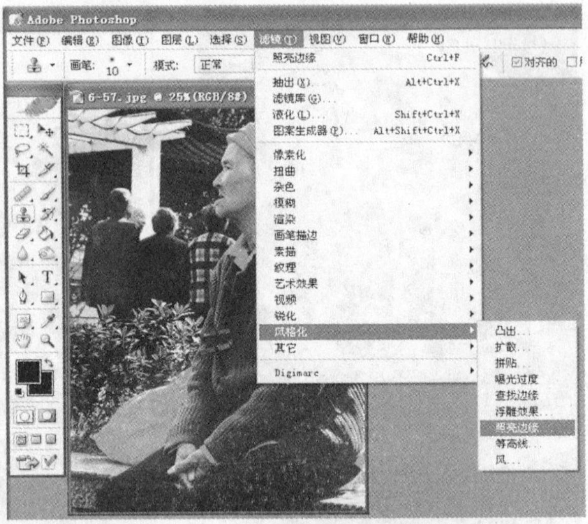

图 8-16 选择“照亮边缘”

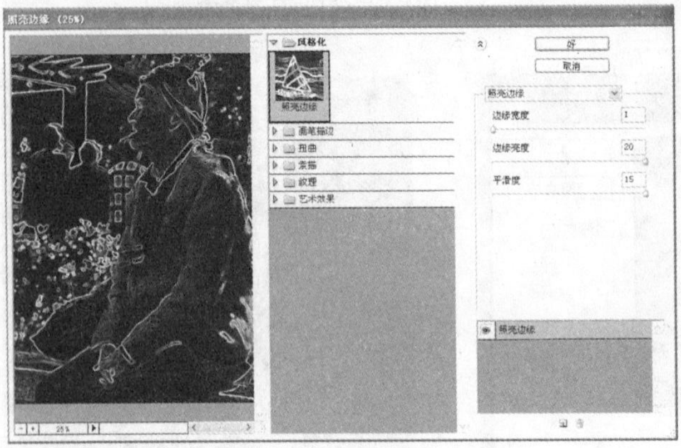

图 8-17 调节参数

图 8-18 中途曝光效果

图 8-19 线描效果

五、中途曝光效果的实现

如图 8-15，可以用数字制作的方法制作成中途曝光效果照片。具体制作步骤如下。

(1)在 Photoshop 中打开图 8-15。

(2)点击“滤镜→风格化→照亮边缘”，(图 8-16)，弹出“照亮边缘”调节对话框(图 8-17)，调节边缘宽度、边缘亮度和平滑度，然后确定就可以获得中途曝光效果照片(图 8-18)。该图还可以进行负像处理，获得线描效果照片(图 8-19)。

六、水墨效果的实现

如图 8-20，可以用数字制作的方法制作成水墨效果照片。具体制作步骤如下。

(1)在 Photoshop 中打开图 8-20。

(2)全选图片，复制、粘贴，增加一个新的图层。

图 8-20 原图

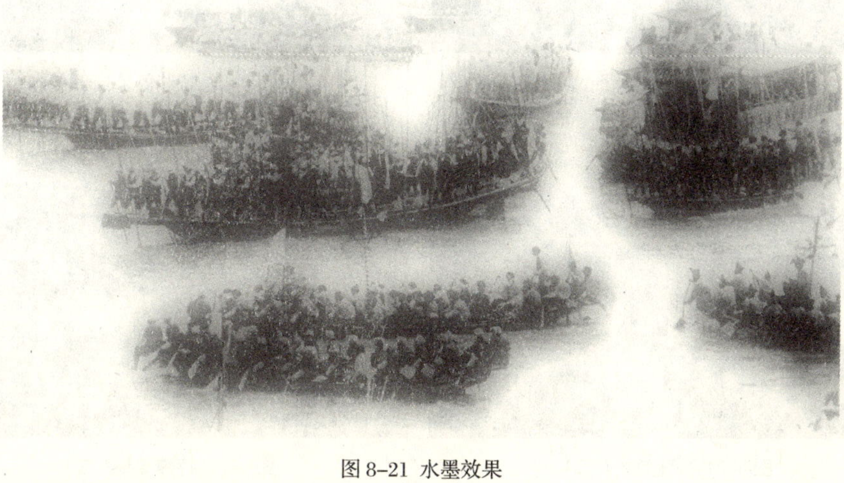

图 8-21 水墨效果

(3)将新的图层应用高斯模糊。

(4)调节模糊图层的透明度。

(5)将模糊图层适当地变大一些。

这样就可以获得水墨效果照片(图 8–21)。

第二节 黑白图像的特效应用

Photoshop 图像处理软件中集成了大量的图像特效，如滤镜中的各种特技效果、图层操作产生的特技效果，以及“图像→调整”中的各种特别调节效果等，应用了这些特效工具后可以方便地使图片实现各种特技效果。

如图 8–22，民居的照片可以处理制作成各种效果(图 8–23、8–24、8–25)，我们可以进行比较，选择合适的照片制作效果正式使用。

在摄影创作中，后期制作的特技效果也是创作的一部分，通常一幅平淡无奇的照片运用了特技制作效果后会突发生机。

但并不是所有的照片可以运用或需要运用特技制作效果，特技效果的运用一定要与画面的主体、主题表现相适应，应起到画龙点睛的作用，千万不能哗众取宠、喧宾夺主，结果是适得其反，削弱了主体与主题的表现。

图 8–22 民居原照

图 8–23 特殊效果(一)

图 8–24 特殊效果(二)

图 8–25 特殊效果(三)

第三节 图像的合成创作

Photoshop软件中提供的图层操作，在数码摄影创作中发挥了巨大的作用，能轻松实现两张图像（底片）以及多张图像（底片）的合成，而且能够达到天衣无缝的境界，传统摄影中极其复杂的多次曝光、集锦放大、叠放、套放等特技，可以在计算机里利用图层操作很方便地制作出来，这样在摄影创作中摄影师就可以充分发挥想像，利用图像处理软件实现无限的创意。

当今的数字时代，现代摄影艺术创作特别依赖于后期的创作，综观现代各级各类的摄影比赛与展览（新闻摄影除外），获奖与展览的摄影作品经过后期数字处理制作而输出的几乎 100%。而且摄影艺术创作的导向也有“瞬间的艺术”向“组合的艺术”过渡的趋势，现代摄影人在摄影创作时，通常依赖于数码照相机，对被摄对象或场景进行对视角的、多景别的、重复的“狂轰滥炸”，结果是面面俱到地拍摄了大量的素材，要获得摄影作品通常必须在这一大堆素材中选择合适照片进行合成、组合等后期艺术创作，图像的合成创作通常体现为添枝加叶、移花接木、改头换面、无中生有等方面。

当然，黑白摄影也不例外，黑白摄影可以利用我们以前拍摄的照片作为素材，进行去色、组合、合成等后期的数字处理制作，能够实现慢门拍摄、变焦拍摄、追随拍摄、大景深拍摄等拍摄特技，也能够进行移花接木、无中生有、改头换面、异想天开的合成创作，从而创作出精彩的黑白照片。

一、追随拍摄特技制作

追随拍摄运动物体时，在慢速度快门下，能够拍摄出主体清晰、背景虚动的照片，能突出主体的动势，表现气氛，增强艺术表现力。但是这种照片的拍摄成功率极低，很容易将主体和背景都拍虚或拍实了，不过数码处理技术能很轻松地够制作出追随拍摄的效果。（图 8-26、8-27）

图 8-26 原图

图 8-27 追随拍摄效果

二、变焦拍摄特技制作

拍摄曝光的过程进行变焦操作，如果快门速度相对较慢，能够拍摄出具有放射状线条的照片，画面动感极强，但是这种照片的拍摄成功率同样非常低，稍不注意就会没有放射状的线条，或者放射状线条过于模糊，或者主体的清晰度不能保证等。但是用数码处理技术将普通照片制作变焦爆炸效果却十分容易。(图 8-28、8-29)

图 8-28 原图

图 8-29 变焦拍摄效果

三、慢门拍摄特技制作

使用慢速快门拍摄动态物体，能够制造动静对比、虚实对比，能够渲染气氛、突出主题，是摄影艺术创作中运用得最为普及的技法，但是，慢门拍摄技法的运用有很强的技术性，拍摄成功的几率较低，限制了该效果的普及运用。数码图像处理技术对画面中的虚实营造与创造可以做到随心所欲，制作慢门拍摄特效当然就轻松自如了。(图 8-30、8-31)

图 8-30 原图

图 8-31 慢门拍摄效果

四、柔焦拍摄特技制作

拍摄时使用柔焦镜头，或在镜头前加柔焦镜片、加一层纱，可以拍摄出虚幻朦胧的效果，能使人物皮肤光滑柔润，能弥补人物皮肤缺陷。在数码影像制作中可以将普通照片制作成柔焦拍摄效果，而且制作效果即时可得，朦胧程度和朦胧的区域范围可以随心所欲的控制。（图 8-32、8-33）

图 8-32 原图

图 8-33 柔焦拍摄效果

五、小景深特技制作

一般情况下，运用大光圈拍摄会获得很短的景深，此时主体清晰、背景虚糊的效果极为明显，是突出主体的一种方法。数码影像处理技术能将主体、背景全部清晰的照片制作成主体清晰、背景虚糊的效果，从而使主体更加突出。（图 8-34、8-35）

图 8-34 原图

图 8-35 小景深效果

六、改头换面

海报画面中的场景、故事感人至深，我们可以将自己的头脸换到画面中去，满足一下成为故事主人公的愿望。（图 8-36、8-37、8-38）

图 8-36 原图(一)

图 8-37 原图(二)

图 8-38 最终效果

七、无中生有

拍摄时画面中总会缺少些什么，可是有些事物的出现在拍摄时总是可遇而不可求的，如天空中的云彩、朝霞、余晖、月亮、飞鸟等，水中的船只、鸭子等，数字图像处理中这些东西都可以“无

图 8-39 原图（一）

图 8-40 原图（二）

图 8-41 最终效果

中生有"地出现在画面上，只要画面内容表现需要，我们就可以去寻找或拍摄相应的素材内容，将需要的内容抠出来，合成到处理制作的画面中。（图 8-39、8-40、8-41）

图 8-42《人生的两条路》雷兰德 摄

八、集景合成

早在"画意摄影"时代，人们就已经对多底片集景合成进行了深入的研究，并取得了极高的成就，如雷兰德摄制的《人生的两条路》，就是由单独拍摄的 30 多张底片在暗房里合成制作的（图 8-42）。这样的摄影作品需要经过复杂的构思与创意。中国

图 8-43《紧紧跟随》郎静山 摄

摄影大师郎静山的集景摄影，特别讲究多幅底片按照绘画的标准合成制作（图 8-43）。数码时代，集景合成的手法更为简单，效果更直观，制作质量更高，为摄影创作带来了极大的方便。（图 8-44~8-49）

图 8-44 素材（一）

图 8-45 素材（二）

图 8-46 素材（三）

图 8-47 素材（四）

图 8-48 素材（五）

图 8-49 最终效果

附录一

传统黑白感光材料

感光材料是摄影过程中记录影像的载体，它随着摄影术的诞生而产生，随着科技的发展不断地更新演变。尤其是黑白摄影感光材料，在某种意义上说感光材料的发展史就是摄影术的发展史，感光材料在摄影技术和艺术发展过程中起着举足轻重的作用。

第一节 黑白感光材料种类与性能

黑白摄影用的感光材料的种类很多，分类方法也较为复杂，如按照感光材料的载体质料可分为感光胶片和感光纸；按胶片的画幅分类有120、135、散页胶片等；按照层次表现特征可分为负性感光材料、正性感光材料和反转感光材料三类。

负性感光材料，俗称“负片”。这种感光材料通过拍摄曝光和后期冲洗后，得到的底片的明暗关系与被摄景物相反，它反差较小，必须印放成照片或拷贝成幻灯片才能观看，在摄影中使用得最为广泛的是负片。

正性感光材料，俗称“正片”，它反差较高，通透度较高，适用于对各种负片的复制。通过复制可以得到与被摄景物明暗关系相同的正片，可用于幻灯放映。另外，感光相纸也属于正性感光材料，照相纸不像幻灯片是通过透射光线观看效果，而是直接看到正像的实际效果。

反转感光材料，俗称“反转片”。反转感光材料拍摄曝光后，经过反转冲洗过程，得到的胶片明暗与被摄景物一致。用反转感光材料拍摄，可以直接得到正像胶片，省略了从负片复制到正片的程序，从而节约时间，提高功效，而且影像的质量高，故一般为摄影专业人员使用。

一、黑白感光胶片

黑白感光胶片是用黑白灰三种影调的关系变化来表现被摄景物的层次，具有抽象、概括和失真等特性，是较为常见的一种感光材料。摄影诞生之初就是研究黑白表现，至今黑白依然具有独特的表现魅力。

1. 黑白感光胶片的种类

黑白感光胶片的种类很多，我们一般将黑白感光胶片按照感色性来进行分类，可分为色盲片、分色片、全色片。图F1-1为黑白感光材料感色范围。

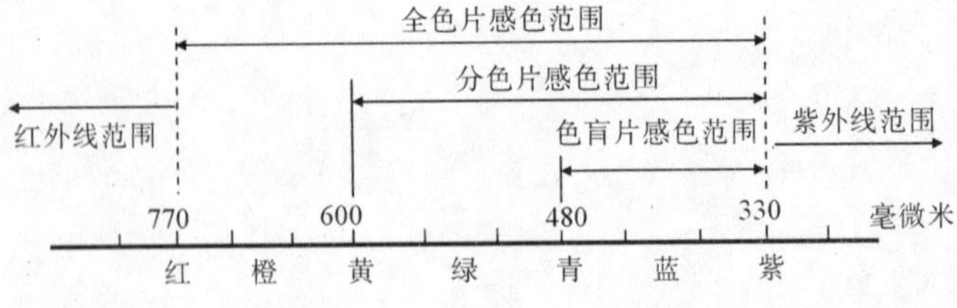

图F1-1 黑白感光材料感色范围

(1)色盲片。

色盲片由于在感光银盐中未加入任何感色素，只能感受波长330~480毫微米，即只能感受光谱中的蓝紫光，对黄绿色光线反应十分迟钝，不能感受红橙色光线，故可以在红色的灯光下进行显影操作。色盲片的感光度低，只有 8 度左右，其性能特点是：反差极大，影调明朗，灰雾密度小，颗粒细，解像力极高。一般用于翻拍黑白文件图表，制作高反差的特技片和拷贝幻灯片，它也叫黑白电影正片。

(2)分色片(又称正色片或翻正片)。

分色片又称正色片，在制造时，感光银盐中加入微量的感色素，感受光波波长范围是 330~600 毫微米，除了感受蓝紫光线以外，还能感受一定的绿色和黄色的光线，对红橙色光线极不敏感，可以在较暗的红色灯光下冲洗操作。这类胶片的性能特点是：光度低，颗粒细，清晰度高，透明度高，反差低于正片而高于负片，并有一定的宽容度。它一般用作拍摄人像和黄绿色彩偏多的自然风景，以及黑白暗房特技中的复制、拷贝底片，也可以用于翻拍图文与表格，在商业中多用于印刷制版。一般分色片有特硬性、硬性、中性和软性四种反差性能。最常见的是国产的 SO 特硬正色片，也就是特硬分色片。

(3)全色片。

全色片能感受的光波波长为 330~700 毫微米，它的感色性从红色光区到紫外线端，跨越人眼可见光区所有的范围，对光谱中的所有可见光均能感光，故在冲洗等操作时必须在全黑的条件下进行。全色片是黑白摄影中使用最为普遍的一种，可以用于各种题材的拍摄。用全色片拍摄的景物能以不同密度的黑、白、灰阶调如实地记录下各种色彩关系，而且层次丰富，影调优雅。全色片的特点是：感光度高，反差较低，影调柔和，宽容度大，对景物中的各种颜色均能感光。它也叫负片，将其装入照相机进行拍摄冲洗加工，在胶片上得到与景物明暗相反的负像，成为一般印相放大用的底片。全色片的感光度一般在 18 度以上。

全色片对绿色反应较为迟钝，因此冲洗全色片时，可以在暗绿灯下观察冲洗情况，但距离不能太近，观察时间不宜太久，否则胶片会产生一定的灰雾，影响冲洗效果。

(4)红外片。

红外片能感受的光波波长为 700~1200 毫微米，即蓝紫光和红外线，一般用于军事或科技摄影，拍摄时加用红滤光片，滤掉蓝紫光，透过红外线，使胶片只对红外线产生有效曝光，这样拍摄出来的照片影调效果较为奇特，可以在阳光下拍出夜晚的效果，还可以提高远景的反差与清晰度。如果不加用滤色镜，红外胶片只能感受蓝紫光线，拍出的照片效果和全色胶片拍出的照片效果基本相同。

2. 黑白感光胶片的结构

黑白感光胶片主要由感光乳剂层、结合层、片基、保护层、背面层组成(图 F1–2)。感光材料的主体结构是这五层，不同种类与性能的感光材料其结构有所不同。

(1)感光乳剂层。

感光乳剂层是感光材料的最重要部分，它决定了胶片的

图 F1–2 黑白感光胶片主要结构

主要性能。感光乳剂层的作用是经过曝光后，产生化学变化形成潜影，经过一系列的化学处理后，感光过的银盐还原成黑色的银粒，在胶片上形成不同密度的影调结构，记录下拍摄的影像。黑白胶片的感光乳剂层由卤化银、明胶、增感染料等组成。

(2)片基。

片基是感光乳剂的支持体，一般 135 胶卷的片基厚度为 0.135 毫米，120 胶卷为 0.12 毫米，散页片为 0.21 毫米。片基性能的好坏直接影响着影像的优劣。片基必须有一定机械强度，要坚固结实，不易变形，同时透明度要高，以便于照片的印放。早期的片基是硝酸纤维(赛璐珞)，但它极易燃烧，不安全。现代胶片的片基，常用的有涤纶片基，但大多数均采用三醋酸纤维素酯为片基的原料，简称“CTA 片基”，由于不易燃烧，故称安全片基。其特点是耐寒，耐热，软化温度较高，光学透明度好，化学性能稳定，既有挺度又有柔韧，抗卷曲性能高，机械性好，尺寸稳定。

(3)保护层。

保护层是一层极薄且透明的韧性胶质，其厚度为约 1~2 微米。胶片或相纸的乳剂层表面涂布一层明胶就是保护层，保护层的作用是防止感光片在装卸和显影时划伤，以及防止感光乳剂因摩擦而产生摩擦灰雾。正片因感光度低，不易产生摩擦灰雾，所以不涂保护层。对于照相纸来说，这一层的主要作用是在照片烘干时产生良好的光泽，增加照片的美感。

(4)结合层。

结合层在胶片中间，它的作用是帮助乳剂牢固地附着在片基上，使感光乳剂在冲洗过程中不易脱落。结合层是动物的皮或骨经熬炼后提取的一种透明度高、粘度强、杂质少、品质好的明胶，又称动物明胶，并和少量的片基溶剂组合，涂在片基与乳剂层之间形成了结合层。在普通照相纸和涂塑相纸的结合层中还加入了硫酸钡和钛白，这样可以提高相纸的反差和纸基的反光率。

(5)背面层。

背面层包括防卷曲层、防静电层和防光晕层。一般胶片的这三个涂层均涂在胶片的背面统称背面层。

①防光晕层。在拍摄时，被摄物体中的高亮度物体的光线照射乳剂层时(如太阳、灯光及物体的耀斑等)，不仅使乳剂层感光，而且还有一部分光线透过乳剂层到达片基内，在片基的两个界面上都会有一些光线被反射回到乳剂层使之曝光，冲洗之后在明亮景物的影像周围形成光环，这就是光晕。很多情况下，光晕现象不一定都产生明显的光环，但会影响影像的清晰度。克服光晕的基本方法是涂布防光晕层，吸收进入片基的光线，同时，在片基制造时，加入防光晕染料，把片基染成绿色或灰色，使其自身具有防光晕的作用(图 F1-3)。

②防卷曲层。由于乳剂中的明胶和片基或纸基的物理特性存在差异，在使用中会产生不同的卷曲现象，在潮湿状态时，明胶吸水膨胀，胶片向片基方向卷曲，干燥后明胶膜收缩，胶片向药膜方向卷曲，这会给感光材料的使用带来不便。为此感光材料的背面涂布防卷曲层，使片基的两面应力平衡，从而克服卷曲的现象。

③防静电层。由于片基是绝缘体，很容易积累静电，胶片比较干燥时，摄影操作

中可能会产生放电现象，使感光材料感光，冲洗后可能会出现闪电状或树状经典现象，使得拍摄的画面无用。因此在片基的背面涂布一个防静电层，它由一些导电性较好的防静电剂组成，也可将防静电剂加入防卷曲层中一起涂布。

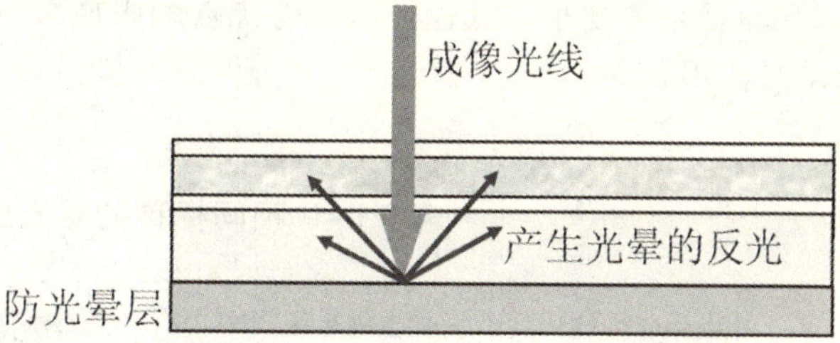

图 F1-3 防光晕层具有防光晕的作用

3. 黑白胶片的感光性能

感光材料的主要性能有感光度、灰雾密度、最大密度、宽容度、反差、反差系数、解像力、清晰度、感色性、颗粒度等。每一种胶片都有各自的特性，在众多品种的胶片中，并不是每一种胶片都适用于拍摄所有的题材。在摄影创作中只有很好地把握它们，才能做到心中有数，运用起来才能得心应手，从而创作出技术质量较高的作品。

(1)感光度。

感光度是在规定的曝光、冲洗及测试条件下，感光材料对光辐射能的敏感程度的定量度量。它表示感光能力的大小。感光度高的胶片对光线反应快，感光度低的胶片对光线反应慢。在摄影时感光度高的胶片需要的曝光少，感光度低的胶片需要的曝光多。生产厂家在制造感光片时做出测定，并在包装盒上印制感光度的标记。

目前世界各地的感光材料生产厂家对感光度的标称不同，常见的感光度标称有 ASA、DIN、GB、ISO 四种制式。

ASA 制：美国标准协会在 1972 年公布的胶片感光度的统一标记，用数值相差的倍数表示感光度相差的倍数，例如 ASA200 的胶卷的感光度是 ASA100 的两倍。

DIN 制：是德国工业标准协会于 1971 年开始使用的胶片感光度的统一标记，用数值相差 3 表示感光度相差 1 倍，例如 24DIN 的胶卷，其感光度为 21DIN 的两倍。

GB 制：是我国于 1974 年制定的“国家标准”感光度的标记，与德国工业标准完全一样。

ISO 制：是国际标准组织在 1979 年公布的用于胶片感光度的世界统一标记。它综合采用了美国的感光度标准 ASA 与德国的感光度标准 DIN。

实际使用时，ASA100 等于 21DIN，也等于 GB21 度。用国际标准感光度表示为 ISO 100/21。感光度增加一倍为 ASA200 等于 24DIN，也等于 GB24 度，用国际标准感光度表示为 ISO 200/24。感光度降低一倍为 ASA50 等于 18DIN，也等于 GB18 度，用国际标准感光度表示为 ISO 50/18。并可以此类推，可参照如表 F1-1 所示的感光度对照表。

一般胶片的感光度在 ISO400/27 以上的称高速片，高速片的宽容度大、反差性弱、解像力低、颗粒度粗、灰雾度大。高速片的感光度高，可以在较暗的环境里用高速快门拍摄运动物体，但是影像素质较差，大多用于体育摄影、舞台摄影和高速摄影。

感光度在 ISO50/18 以下的称低速片，低速片的宽容度小、反差性强、解像力高、颗粒度细、灰雾度小。低速片虽然有优良的影像素质，但是由于感光度较低，在实际拍摄时使用较少。

表 F1-1 不同标称的感光度对照

中国标准制 GB	德国标准制 DIN	美国标准制 ASA	国际标准制 ISO
8	8	5	5/8°
9	9	6	6/9°
10	10	8	8/10°
11	11	10	10/11°
12	12	12	12/12°
13	13	16	16/13°
14	14	20	20/14°
15	15	25	25/15°
16	16	32	32/16°
17	17	40	40/17°
18	18	50	50/18°
19	19	64	64/19°
20	20	80	80/20°
21	21	100	100/21°
23	23	160	160/23°
24	24	200	200/24°
25	25	250	250/25°
26	26	320	320/26°
27	27	400	400/27°
28	28	500	500/28°
29	29	640	640/29°
30	30	800	800/30°
31	31	1000	1000/31°
33	33	1600	1600/33°
36	36	3200	3200/36°
39	39	6400	6400/39°

感光度在 ISO 100/21~ISO 200/24 之间的称中速片，中速片性能介于高速片和低速片之间。中速片具有较高的感光度和良好的记录性能，适应各种题材的拍摄，在摄影中用途最大，使用最为广泛。

(2)反差特性。

反差可分为影像反差和景物反差。影像反差是指影像不同部位的密度差，景物反差是指景物不同部位的亮度比。画面反差不同，视觉感受也不一样。反差高时对比度高，黑白分明；反差低时，对比度低，黑白不分明，看起来比较灰暗。

反差系数是感光材料反差特性的定量反映，反差系数可以理解为底片影像反差与景物亮度反差之比，一般用 γ 值来表示。即：γ=底片影像反差 / 景物亮度反差。

感光材料的反差特性大致有三种情况，即 $\gamma=1$、$\gamma>1$、$\gamma<1$。$\gamma=1$ 时，影像反差等于景物反差，感光胶片能够准确地再现被摄景物明暗对比关系，也称为中性反差；$\gamma<1$ 时，影像反差小于景物反差，能够缩小被摄景物明暗对比关系，也称为软性反差；$\gamma>1$ 时，影像反差大于景物反差，能够扩大被摄景物明暗对比关系，也称为硬性反差。

常见感光材料的 γ 值为：负片是 0.65~0.70，反转片是 1 左右，黑白正片 2.8~3.2，照相纸 1.8~4.0。

(3)密度与灰雾密度。

密度是指胶片曝光显影以后单位面积上银颗粒的堆积量。灰雾密度是感光材料上未经曝光部分，经过显影、定影、水洗等正常冲洗后，仍有一部分的卤化银粒被还原出来，滞留在底片上形成一定的密度。这种密度是由于卤化银粒自身性能不稳定而造成的银粒灰雾。一般来说，灰雾密度越小越好，感光片的灰雾密度大，片基不透，影调沉闷，影响被摄景物的细节表现，应该把感光材料中的灰雾控制在最低限度。常见黑白胶片的灰雾密度如表 F1-2。

表 F1-2 常见黑白胶片的灰雾密度

片种	灰雾密度	片基密度
黑白中速负片	<=0.07	0.26 ~ 0.30
黑白高速负片	<=0.10	0.26 ~ 0.30
黑白正片	<=0.03	<=0.03

通常黑白全色片采用有色片基，都有极少量的灰雾度，但不影响使用效果。胶片保存不当、冲洗不规范都会增加灰雾度。已过有效期的胶片，也会产生严重的灰雾。过期胶片一般灰雾密度过大，反差降低，暗部层次损失，感光度下降。灰雾度过大的胶片不利于表现被摄体的层次和质感，同时胶片的反差性能降低，一般不宜使用。

(4)宽容度。

宽容度是按正比关系记录景物亮度反差的曝光量范围。它反映了胶片能够记录被摄景物明暗范围的能力。宽容度大的胶片，记录被摄体明暗之间的范围广，照片上被摄体的层次也丰富。宽容度小的胶片，记录被摄体明暗之间的范围小，照片上被摄体明暗反差大，缺乏层次感。在拍摄时景物的明暗关系可以用比例数字来表示。例如 1:64 是指景物最明亮的部位是最暗部位的64倍。这个比数表示出景物的明暗之间的差别。

自然界景物中的明暗范围极大，在许多情况下，感光材料的宽容度只能记录下景物中明暗关系的某一范围，有时景物中需要表现的明暗范围，小于感光胶片的宽容度，在拍摄时给曝光提供了一定的误差范围。实际拍摄时宽容度对曝光有很大的影响，普通的外界景物其亮度范围一般落在胶片的宽容度范围之内，曝光即使有点误差仍然不出宽容度范围，因此，胶片的宽容度越大，允许出现的曝光误差范围也越大，宽容度小的胶片允许的曝光误差范围也小。如黑白全色片允许曝光误差在±2级光圈之内，彩色负片允许曝光误差在±1/2级光圈之内，而彩色反转片允许曝光误差在±1/3级光圈之内。换个角度讲，曝光宽容度就是允许出现的曝光误差范围。

(5)感色性。

感色性是指胶片对各种颜色光波的敏感范围。胶片有色盲片、分色片、全色片。对各种光线均能感受的有全色胶片、彩色负片、彩色反转片。全色片对各种光谱的感受能力也不一样，如对蓝紫光就比较敏感。

(6)解像力。

解像力是指感光胶片对被摄景物细部质感的分辨能力。解像力一般用胶片在每毫米的宽度内能分辨出多少线条来表示。感光度低的胶片解像力高，感光度高的胶片解像力低。一般超高速感光片能达到10~40线/毫米，高速片达到40~80线/毫米，中速片达到80~100线/毫米，低速片达到100~5000线/毫米。

(7)颗粒度。

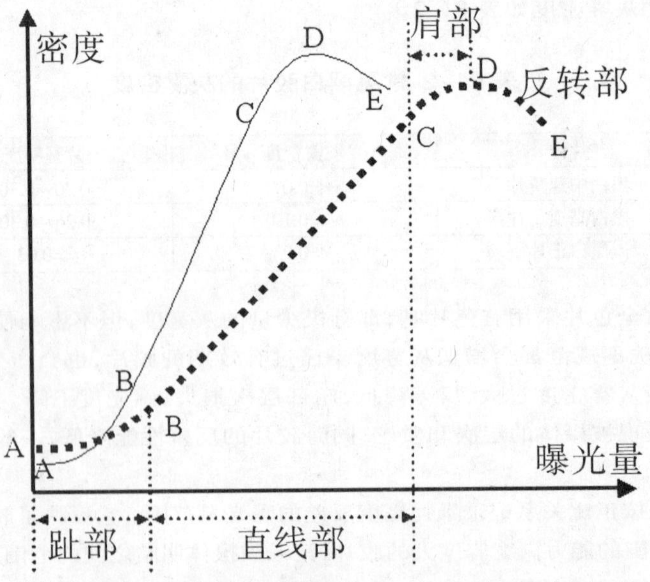

图F1-4 感光胶片的摄影性能可以用感光特性曲线

颗粒度是感光片经过曝光和冲洗后在底片上银颗粒的粗细，颗粒细的胶片有利于照片放大制作。在感光胶片的生产制造过程中，乳剂中的银盐颗粒的大小和分布情况、摄影时的操作控制等，对颗粒度有较大的影响。卤化银粒涂布较为分散，颗粒度就细，感光度低；卤化银粒涂布较为集中，颗粒度就粗，感光度高。胶片曝光不准、显影时间不对、温度不对、胶片过期等都会影响胶片的颗粒度，对于高速胶片来说就更为明显。

(8)感光材料主要性能的内在关系。

感光材料的各种性能之间存在着一定的规律，根据其感光度的变化，其他性能会出现一系列的变化，其内在规律为：胶片的感光度越高，其反差越小、宽容度越大、颗粒越粗、解像力越差、层次越丰富、灰雾度越大、保存期越短。反之，胶片的感光度越低，其反差越大、宽容度越小、颗粒越细、解像力越高、层次越少、灰雾度越小、保存期相对延长。

4. 感光特性曲线

感光胶片的摄影性能可以用感光特性曲线表示(图 F1-4)。感光特性曲线反映的是感光胶片的曝光量与胶片获得的银颗粒堆积的密度之间的关系。一般情况下，曝光量越多，银颗粒堆积得越厚，胶片获得的密度越高。感光特性曲线分为趾部、直线部、肩部和反转部四个部分。

(1)趾部。

曲线中 AB 部分是趾部，趾部呈曲线状态，是胶片没有曝光和曝光不足的部分。A 点对应的是胶片没有曝光时的密度，其实就是灰雾密度。A 点位置越高，说明灰雾密度越高，A 点位置越低，说明胶片的灰雾密度越低。

在趾部的范围内，胶片曝光量的增加与密度的增加两者之间不成正比，密度的增长率远小于曝光量的增长率。被摄对象中暗部的层次基本落在趾部曲线中，趾部 AB 的曲线长，说明对被摄景物暗部的层次表现越好。

(2)直线部。

感光特性曲线中 BC 段基本为直线，称之为直线部，胶片曝光量的增加与密度的增加成正比，曝光控制时，应尽量将被摄体的亮度曝光控制在直线部，这样能尽可能多地正确反映被摄景物的层次。感光特性曲线的直线部能间接地表示出感光胶片的反差特性与宽容度。直线部的倾斜程度越大，表示反差特性越大，胶片上得到的影像反差比实际景物的反差要高；倾斜程度越小，则反差特性越小。直线部在曝光量的坐标上的投影距离越长，表示宽容度越大，反之，表示宽容度越小。

(3)肩部与反转部。

感光特性曲线中 CD 部分是肩部，感光胶片的密度增长率小于曝光量增长率，这一段的曝光不能按比例记录景物的层次。DE 部分是感光特性曲线的反转部，这一段中随着曝光量的增加，感光胶片的密度反而下降，出现了反转现象；如果 CD 的曲线长，表示胶片对被摄景物的明亮部分的层次表现好。

适当利用 AB、CD 段，可以适当的增强对景物中暗部和亮部的层次表现，并能拓宽胶片的宽容度。

二、黑白照相纸

黑白照相纸是用于制作黑白照片的一种正性感光材料。黑白照相纸的种类很多,分类方法也很多。从感光材料的感色性上分,黑白照相纸可分为色盲、分色与全色照相机三种;从感光度上分黑白照相纸可以分为放大和印相照相纸两种,放大纸比印相纸的感光度要高 40~100 倍;从反差特性上分,可分为可变反差和不可变反差照相纸两种;从制造的纸基类型上分,可分为普通照相纸和涂塑照相纸,从感光纸的表面结构看,有光泽、绸纹面、绒面等数种,等等。

第二节 黑白感光材料的保存与使用

感光材料在生产出来后,其性能会随着时间的推移发生变化。同时,外界的各种影响因素(温度、潮湿、辐射等)也会令感光材料的性能发生变化,如灰雾度增加、感光能力降低、反差特性变弱,等等。

感光材料应在有效期内拍摄使用,一般感光材料的质量有效期限为两年,有效期会标在胶卷盒的外面,购买和使用胶卷时应先检查是否已经过期。另外,如果感光材料保存得不好,即便在有效期内,也会产生质量问题。如果长期保存在低温干燥的条件下,即使超过了有效期限一段时间,对感光材料性能特性的影响不是很大,仍然会有着很好的质量表现。

注意温度对感光材料性能的影响,一般情况下感光材料最好保存在冰箱里。黑白照相纸和低速胶卷只需在 20℃以下保存。中高速感光胶片应在 13℃以下保存。另外,保存在冰箱中的胶卷,在使用前必须提前取出,胶卷提前 1~2 小时取出,相纸提前 3~4 小时取出,以防止冰箱与室内外的温差太大,导致感光材料的药膜面凝结水珠而影响拍摄质量。对暂时不用的感光材料最好保存在 0℃以下,因为在这样的温度下感光材料的各种性能几乎不发生任何变化。

注意防 X 光辐射。机场和车站的 X 光检查,会直接造成感光材料的轻微感光,从而导致影像灰雾的出现,有时极为严重。X 光照射胶卷的时间和次数对胶卷有很大的影响,一般低速片可以经 X 光照射两至三次,中速片只能短暂地照射一次,高速片不能经 X 光照射,否则会产生严重的灰雾度。因此,在机场或车站进行安全检查时,最好将胶卷单独取出,用人工检查的方法,避免使用 X 光检查,以保证胶卷的拍摄质量。

注意防潮、防霉变。湿度大的天气对于没有拆封的感光材料影响不大,但开启后应注意保存的温度和湿度,保存环境的相对湿度不能超过 60%,感光材料长期处于潮湿的环境中容易霉变粘连在一起,严重影响感光材料的性能和使用。

第三节 常用黑白感光胶片

黑白胶片经过若干年的发展,已经到了几乎完美的境界,黑白胶片的品牌和型号多种多样,性能各不相同,常见的黑白胶片品牌及性能如表 F1-3。

表 F1-3 常见黑白胶片品牌及性能

胶片名称	感光度	规格	性能
Kodak T-Max 100	100/21	135、120	T型粒子乳剂，超细颗粒，解像力极高，层次极为丰富。
Kodak T-Max 400	400/27	135、120	T型粒子乳剂，颗粒细腻，感光度高，可以增感至 ISO800-1600。
Kodak T-Max P3200	3200/36	135	T 型粒子乳剂，超高感光度，可以增感至 ISO25000。
Kodak Plus-X12	125/22	135、120	层次表现丰富，曝光宽容度和冲洗宽容度极大。
Kodak Tri-X	400/27	135、120	高感光度通用型黑白胶片。
Kodak Technical Pan	25/15	135、120	反差极高、宽容度极小、颗粒极细。
Kodak HIE	25-250	135、4×5in	红外胶片
Fuji Film Neopan-SS 100	100/21	135、120	颗粒细腻、层次丰富的通用型黑白胶片。
Fuji Film Neopan-SS 400	400/27	135、120	感光度较高，颗粒仍很细微的黑白胶片，可以增感至 ISO800-3200。
Fuji Film Neopan-SS 1600	1600/33	135	感光度极高，可以增感至 ISO3200。
Agfa Pan APX 25	25/15	135	清晰度极高、颗粒极细。
Agfa Pan APX 100	100/21	135	颗粒细腻、层次丰富、解像力高。
Agfa Pan APX 400	400/27	135	感光度高，可以增感至 ISO1600。
Agfa Pan Ortho 25	25	135、120	色盲片，清晰度极高、颗粒极为细腻。适合翻拍文字线描图稿，可用于暗房特技制作中的拷贝片。
Ilford Pan F Plus	50/18	135	颗粒极细，解像力极高，适合制作巨幅黑白照片。
Ilford FP4 Plus	125/22	135、120	常规胶片，颗粒细腻、层次丰富、影像锐度高，有较大的曝光和冲洗宽容度。
Ilford FP5 Plus	400/27	135、120	高感光度胶片，使用专用显影液，可使胶片增感至 ISO3200。
Ilford Delta 100	100/21	135	感光乳剂采用三层粒子涂布结构，与其他同感光度胶片相比，颗粒更为细腻、层次更为丰富、锐度更高，具有很大的显影宽容度。
Ilford Delta 400	400/27	135	感光度高，感光乳剂采用三层粒子涂布结构，与其他同感光度胶片相比，颗粒更为细腻、解像力更高，具有丰富的阴影细节和层次。

续上表

胶片名称	感光度	规格	性能
Ilford Delta 3200	3200/36	135	感光乳剂采用四层粒子涂布结构，胶片实际感光度为 ISO1250，通过显影可以使胶片在 ISO400-3200 拍摄时均能获得良好的效果。
Ilford Pan 400	400/27	135、120	常规工艺胶片，适合弱光条件下和动体的拍摄。
Ilford Sfx 200	200/24	135	类似红外胶片，配合红色滤光镜可以拍摄近似红外摄影的效果，不使用红色滤光镜可用于一般摄影。
乐凯 新 SHD 100	100/21	135	
乐凯 SHD 400	400/27	135	
公元 PSS FP	100/21	135、120	
上海 GB3 100	100/21	135、120	
福达 C-41 全色片	400/27	135	C-41 冲洗
Agfa XL	400/27	135	C-41 冲洗
Ilford XP2	400/27	135、120	C-41 冲洗
Ilford XP2 Super	400/27	135、120	C-41 冲洗
Kodak T-Max 400CN	400/27	135、120	C-41 冲洗

附录二

安塞尔·亚当斯的“分区曝光理论”

现代摄影的曝光控制可以依赖于先进的照相机测光系统和性能优越的测光表，但是它们均是以18%的平均灰度再现被摄景物，然而我们摄影创作时，被摄景物的平均灰度通常不是18%的灰度。另外，有时被摄景物的亮度无须准确地再现出来，可以根据摄影创作的需要而适当地增加或降低。因此摄影的曝光控制不能仅仅依赖于先进的测光设备，安塞尔·亚当斯说过：“尽管现代测光仪器非常精确，为了获得理想的曝光仍然需要我们准确的判断。”对于黑白摄影的曝光控制尤其如此。

安塞尔·亚当斯认为：入射式测光表用途有限，因为它只测照射到景物的光线强度，忽视了景物自身的亮度。

安塞尔·亚当斯1902年生于美国西海岸的旧金山，毕生研究黑白摄影，他对摄影最大的贡献就是其“分区曝光理论”。“分区曝光理论”是一套科学、精密地控制影调的制作技法，在亚当斯写的《负片与照片》一书中有较为详尽的表述。“分区曝光理论”为摄影创作实践中如何将摄影技术和艺术完美地结合起来提供了科学、可行的范本。一旦掌握了这种方法，摄影者在按下快门之前就能预见到获得作品的影调，并通过后期的冲洗和放大，扩展和压缩这些影调，获得更为丰富细腻的影调质感。只要掌握了这种方法，摄影者就会学会分析景物，对景物进行更为准确的测光与曝光，从而把对景物的视觉形象忠实地或者根据创作需要创造性地再现在照片上。

第一节 分区曝光法

"底片是乐谱，印放是演奏"，摄影是从底片开始的，要先拍摄出一张影纹层次丰富的底片，以便通过制作上的控制，在感光纸上放大出预期的影像效果。尽管现代黑白感光胶片的宽容度很大，同时有各种不同反差的相纸，还有其他洗印控制的方法能够弥补各种不同厚薄底片的不足，但我们仍要严格控制曝光，从而拍摄出高质量的底片。因为曝光的不当会使被摄景物的层次损失，丧失景物中必要的细节，使画面的明暗对比关系失调、影调结构失衡，降低画面的美感等。分区曝光法能精确控制画面中景物的细节、明暗、层次等，使画面的表现达到完美的境界。

分区曝光法的核心思想就是：把被摄景物的各种不同亮度与构成影像的各种灰色值联系起来。即：物体的色调值与相片影像的影调值联系起来进行思考。

一、曝光区域与曝光等级

拍摄时以某一亮度的景物面进行测光，并调节光圈与快门进行曝光，那么此时的曝光为"V 区曝光"。这样曝光的结果，底片密度将是"密度值 V"，最后得到的照片影调将是"影调值 V"，即 18%反射率的中灰影调。

对同一亮度的景物面进行测光，并增加一级曝光调节光圈与快门进行曝光，则此时的曝光为"VI 区曝光"。这样曝光的结果，底片密度将是"密度值 VI"，最后得到的照片影调将是"影调值 VI"。

对同一亮度的景物面进行测光，并降低一级曝光调节光圈与快门进行曝光，则此时的曝光为"IV 区曝光"。这样曝光的结果，底片密度将是"密度值 IV"，最后得到的照片影调将是"影调值 IV"。

以此类推，可以得到十个曝光等级或区域(表 F2-1)。

表 F2-1 曝光区与照片影调值

景物影调值											
曝光区	0	I	II	III	IV	V	VI	VII	VIII	IX	X
曝光量	1/125 f/22	1/60 f/22	1/30 f/22	1/30 f/16	1/30 f/11	1/30 f/8	1/30 f/5.6	1/30 f/4	1/15 f/4	1/8 f/4	1/4 f/4
密度值											
照片影调值						18% 灰度					

通过曝光区域的主观选择可以将拍摄某一亮度的景物面的最终照片影调控制在任意亮度,这为我们拍摄创作时照片影调的控制与表现提供了科学的方法。

二、有效幅度与纹理幅度

我们可以选择一个光照均匀并略带纹理的景物表面,使用数码照相机根据照相机测光指示拍摄一张照片,此时的曝光为“V区曝光”。然后增加一级、二级、三级、四级、五级曝光拍摄,即可得到“VI区曝光”、“VII区曝光”、“VIII区曝光”、“IX区曝光”、“X区曝光”;再在“V区曝光”的基础上降低一级、二级、三级、四级、五级曝光拍摄,即可得到“IV区曝光”、“III区曝光”、“II区曝光”、“I区曝光”、“0区曝光”。

将上述方法拍摄的图片按照曝光等级的高低排列,不进行任何数字处理直接冲印出照片即可验证上表中曝光区与照片影调值的对应关系。(图F2-1)

从系列图片中我们还可以看出:

“V区曝光”获得的图片影调是反射率与18%的灰色板一致的“影调值V”,处于所有影调的中间级。仔细比较不同曝光图片对被摄景物的影调和纹理表现,从0区到X区曝光,获得的图片在影调上有明显的从黑到白的变化,但是在纹理表现上,0

图F2-1 不同的曝光区获得照片的影调值

区曝光被摄景物表现为纯黑色，看不到景物的任何纹理质地，I 区曝光获得的图片接近于纯黑色，几乎没有任何纹理和质地，II 区曝光略有纹理质地感，从 III 到 VII 曝光都能看出景物的文理质地，VIII 区曝光略有纹理质地，IX 曝光得到的图片接近纯白色，几乎看不到纹理质地，X 区曝光得到的图片是像白纸一样的纯白色，没有任何纹理质地。

根据上述观察与分析，0 区和 X 区曝光获得的影调值并不能表现被摄对象，不能作为真正的影调值，只可以作为基本参考值。因此，在整个曝光幅度范围可分为三种幅度（图 F2-2）。

①全影调幅度：从纯黑到纯白的“0 区”到“X 区”的幅度。

②有效幅度：具有基本影调值的“I 区”到“IX 区”的幅度。

③纹理幅度：清楚地表现出被摄景物的纹理质地的“II 区”到“VIII 区”的幅度。

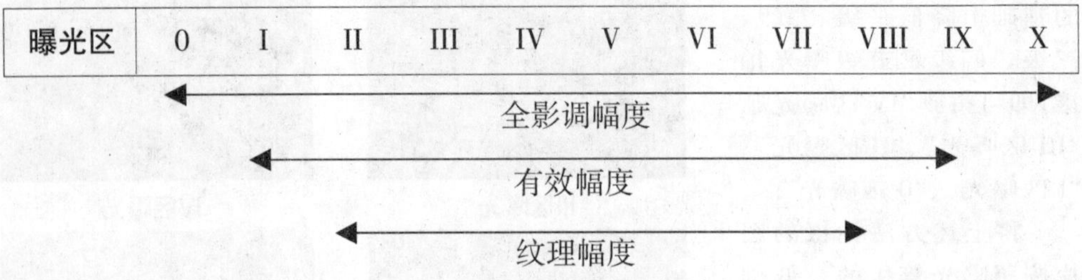

图 F2-2 三种曝光幅度

第二节 分区曝光法的应用

理解了分区曝光的概念之后，通过曝光区的选择就可以得心应手的表现被摄对象的影调、层次、纹理质地等，分区曝光法的应用具体表现在以下几个方面。

一、了解不同曝光区对景物的表现

亚当斯的分区曝光系统将曝光区分成 11 个区，每一个相邻曝光区之间相差一级曝光，不同的曝光区对景物影调、纹理的表现如表 2-2 所示。要掌握分区曝光法的运用，必须充分了解此表。

表 2–2　曝光区与其影调特性

影调值	曝光区	说　明
低调值	0区	绝对黑色，照片没有任何影调和纹理。
	I区	深黑色，照片上略有影调，但没有纹理。
	II区	照片上纹理细节初步显现，如浓重的阴影部分。
	III区	黑暗物体影调正常，阴暗部分显出了足够的纹理。
中调值	IV区	适合表现深色的树叶、石块或景物阴影，在日光中拍摄人像，阴影部分影调正常。
	V区	呈中灰色（反射率 18%），适合表现浅色天空、深色皮肤、灰色石块一般的木头等。
	VI区	适合表现日光、天空光或人造光中皮肤的影调，阳光下的石块、雪景阴影影调正常。
高调值	VII区	适合表现浅色皮肤、侧光照射的雪景等影调，能表现亮部质感与细节。
	VIII区	适合表现白墙、白纸、白色雪景以及人物皮肤上的高光部分，高光部分影调细腻，有适当的纹理。
	IX区	照片上接近于纯白色，略有影调而没有影纹。用聚光型放大机将小画幅底片放大，照片呈纯白色，与 X 区无明显差别。
	X区	照片上呈纯白色，画面明亮，有反光。

二、选择曝光区

现代照相机或测光表的测光系统均是以 18%的灰度再现景物，“V 区曝光”就是将被摄对象再现为 18%灰度的曝光，也就是说照相机或测光表的测光在不作任何修正的情况下就是“V 区曝光”。如果被摄景物的平均灰度为 18%，抑或被摄对象就是 18%的灰板，则“V 区曝光”能准确反映被摄对象的影调。

但是,多数情况下,被摄景物的平均灰度不是18%,或被摄景物各部分的影调变化较大时,或被摄景物各部分的影调层次表现有不同的需要等,这样被摄景物中各部分的影调层次就不能准确还原或按创作意图得到表现。

因此,在进行曝光控制时,在被摄对象丰富的影调中,选择曝光区极为重要,应以物体上需要有适当影纹的最暗部分和最亮部分作为选择曝光的依据。如果物体的重要黑暗部分需要有最低限度的纹理,最好将这部分的亮度置于II区,如果需要有足够的影纹,则置于III区;如果物体的亮部需要有最低限度的纹理,可以将该部分的亮度置于VIII区,如果需要有足够的纹理,则需要将其置于VII区。

具体测光、曝光控制操作中,应参照表中不同曝光区对景物影调与纹理的表现,结合实际创作对景物各部分影调的表现需要,确定景物中测光的部位。以景物中什么部位作为"V区曝光",景物中其他部位的曝光分别落于什么区,应做到心中有数,从而对最终获得的照片影调有较强的预见。

附录三

黑白胶片的冲洗

黑白胶片拍摄曝光后，会在感光胶片上留下被摄对象的潜在影像，这种影像是看不见的，也是不能直接观看的，必须经过胶片冲洗过程才能使胶片上的潜在影像显现出来，成为可以观察的影像。

由于黑白感光胶片种类不同，其冲洗工艺也有很大的差异，通常有反转冲洗法、负片冲洗法、C-41 机器冲洗法。

反转冲洗法是一种特殊的冲洗工艺，这种方法冲洗出来的胶片明暗和色彩与被摄对象是一致的。彩色摄影中需要使用反转片拍摄、反转冲洗，最后得到彩色反转片，可以使用用光学幻灯机放映欣赏，可以直接制版印刷，是获得高质量图片的专业途径，但是，在黑白摄影中，反转冲洗的应用范围极为有限，通常局限于翻拍文稿图片制作教学幻灯片。

C-41 机器冲洗法只能用于染料型黑白胶卷的冲洗，染料型黑白胶卷可以当成彩色胶卷送到彩扩店去冲洗，这样可以省去手工冲洗的许多麻烦，如配置冲洗药水、手工卷片、时间控制、温度控制、清洁控制等，冲洗出来的胶片应该较为精准、干净。

常规的冲洗方法银盐黑白感光材料的负像冲洗法，这种方法冲洗出来的胶片影像与实际景物的明暗相反，因此也常称负片冲洗法，我们主要研究这种负片冲洗法，这种方法的冲洗成本低廉，所有步骤都可以直接手工操作，冲洗技术上有较大的可塑性，冲洗效果控制可以随心所欲，因此这种方法的使用也最为普及。

第一节 黑白胶片冲洗的设备

手工冲洗黑白胶卷的设备较为简单，常用设备与器材如下。

一、显影罐

显影罐是罐中显影冲洗时盛放感光胶片的容器，胶片在显影罐中能被均匀地隔开，使胶片的药膜面能与冲洗药水充分接触。

二、温度计

温度计主要用于测量控制冲洗药水的温度，专业冲洗用的温度计精度控制在±0.2℃左右，有些温度计具有摄氏和华氏对照。温度计按照其用途可分为罐用、盆用、飘浮式和表盘式几种，按照其内部材料可分为水银型和酒精型两种，一般水银温度计较为准确，酒精温度计的精度稍差。

三、抽片器

抽片器可以将已缩进胶卷暗盒内的胶片头抽出来。

四、量杯

量杯主要用于配置冲洗药液和进行冲洗操作时控制水和药液的用量，也可以临时存放冲洗药液。

五、玻璃棒

玻璃棒主要用于配置药液时的搅拌，使药粉快速、均匀地溶解到水中。

六、毛口玻璃瓶

盛放已经配置好的冲洗药液，它具有较强的密封性和遮光性，可有效地防止冲洗药液的氧化，能延长冲洗药液的保存期。

七、剪刀

用于剪切胶片。

八、脱脂棉花或专用海绵

主要用于擦干已经冲洗好的胶片，在胶片悬挂起来晾干时一般要先擦干胶片。

第二节 黑白摄影中的常见药品

一、显影剂

显影剂的主要作用是将胶卷中的银盐分解、还原成黑色的银，显影液中的关键成分就是显影剂，常用的显影剂有米吐尔、几奴尼、菲尼酮等。

1. 米吐尔

米吐尔的化学名称叫“对甲氨基酚硫酸盐”，又称“阿尔莫尔”、“衣仑”，是白色或微黄色针状结晶体。

米吐尔的还原能力强、出影速度快，对感光多和少的部位同时显出影像，强光部位的密度增长较慢，可以获得层次丰富的影像，但是如果单独使用，获得的底片反差过小、影调平淡。

米吐尔性能的发挥受温度的影响较小，同时，不但能在碱性溶解中发挥显影能力，在弱酸性溶解中也有一定的显影能力。

2. 几奴尼

几奴尼的化学名称为“对苯二酚”，又称“海德尔几奴尼”、“氢醌”等，它易溶于水，是一种浅灰色细短针状结晶体。

几奴尼的显影能力低于米吐尔，是一种缓性显影剂，显影速度是先慢后快，对感光多的明亮部位显影作用大，密度增长快，对感光较少的阴暗部位显影作用小密度增长缓慢，获得的底片密度反差较大。

几奴尼的性能发挥受温度的影响较大，温度低于10℃时药力几乎完全丧失，温度高于21℃时又会使显影产生灰雾度，常用溴化钾来抑制。

几奴尼常与米吐尔配合使用，用几奴尼和米吐尔的比例来调节和控制显影液，可以互相取长补短，能表现出很好的反差和层次。

3. 菲尼酮

菲尼酮的化学名称为“1–苯基–3 吡唑啉酮”，是一种白色晶体。

菲尼酮的性能与米吐尔接近，单独使用时显出的影像反差比米吐尔还要小，影像更加柔和细腻，更容易产生灰雾，显影时更要严格控制。

菲尼酮的显影活性强、药剂用量少、损耗率低、价格便宜、性质稳定、不易被氧化、不易污染。

二、保护剂

空气中的氧气能溶解于水，因此，显影液中的显影剂容易被氧化，而在碱性环境中的显影剂氧化速度更快，一旦显影剂被氧化，显影液就会变为深棕色，就会丧失显影能力，为保护显影液中的显影剂不被氧化，保持其显影能力，延长显影液的保存时间，必须在显影液中添加保护剂，常用保护剂为无水亚硫酸钠。

无水亚硫酸钠俗称“硫氧”，为白色粉末，在显影液中它与氧化合的能力较强，能很快的与溶液中的氧发生反应，降低显影剂与溶液中氧发生化学作用的机会，从而有效地保护显影剂。

三、促进剂

显影过程中，显影剂与溴化银反应时，会分解出一种氢溴酸的酸性物质，它会慢慢地中和显影液的碱性环境，显影剂的效能会不断减缓直至不起作用。为此，必须显影液维持一定的碱性环境，消除药液显影时产生的酸性物质，对显影剂的显影能力起促进作用。常用的促进剂有无水碳酸钠、氢氧化钠、硼砂等。

1. 无水碳酸钠

无水碳酸钠俗称“碳氧”、“苏打”，为白色粉末，吸湿性强，易溶于水，是显影液中最常用的促进剂，无水碳酸钠的用量多少对显影速度的快慢、银盐颗粒的粗细、影调反差的强弱有着一定的影响，如果用量大，则显影液的碱性强，显影速度快，银盐颗粒粗大、影调反差较强。

2. 氢氧化钠

氢氧化钠又称“苛性钠”，为无色透明结晶或白色细粉末状，易溶于水，其碱性极强。用氢氧化钠作为促进剂的显影液，显影速度极快，银盐颗粒粗，影调反差强烈。同时，胶卷显影过程中容易产生灰雾，显影液氧化快，不易保存。在配制低温显影液和快速显影液时，通常用氢氧化钠作为促进剂。

3. 硼砂

硼砂又称“四硼酸钠”，为无色半透明晶体或白色结晶粉末，碱性较弱，用硼砂作为一种显影液的促进剂，碱性较为持久稳定，得到的底片的影像，反差略低、影调柔和、颗粒细腻，硼砂多用于高温显影液和微粒显影液中作为促进剂。

四、抑制剂

显影过程中，显影液不但能将已经感光的银盐还原成黑色的银，而且底片上一些未感光的、性能不稳定的银盐也可能被显影还原成银。后者还原出来的银会使底片上形成朦胧的灰雾，从而降低影像的清晰度，影响底片的反差、影调、层次的表现。显影液中加入适量的抑制剂可以降低胶卷灰雾的形成，常用的抑制剂是溴化钾。

溴化钾为白色晶体或粉末，是配置显影液时最常用的一种抑制剂，溴化钾能抑制底片上未感光的、性能不稳定的银盐还原成为银粒，从而防止灰雾产生。另外，溴化钾对显影液中苯二酚的性能发挥有一定的影响，其用量的多少对显影速度和底片反差有一定的控制作用。

五、停显剂

停显是胶卷显影完成后和胶片定影前之间进行的一道冲洗程序，停显是用酸性环境中和胶片上残存的碱性显影液，从而使显影立刻停止。停显能防止将显影液带入定影液，起到保护定影液的作用。一般停显剂多为醋酸、硼酸、酒石酸等弱酸性药品，其中最为常用的是醋酸，醋酸又称“冰乙酸”、“冰醋酸”，是一种无色透明液体，挥发性极强，一般用2%的醋酸水溶液作停显液。

六、定影剂

定影是将感光胶片上显影后未被还原的卤化银全部溶解掉，使感光胶片上没有银粒的地方保持通透，同时，使胶片不再具有感光性能，从而使感光胶片上的影像保留和固定下来。定影液中的定影剂主要有硫代硫酸钠、硫代硫酸铵，另外，定影液根据其配方的不同还含有保护剂、坚膜剂和防污剂等。

定影液的配方一般有：简单定影液、酸性定影液、酸性坚膜定影液和快速定影液等。定影液中的保护剂为无水亚硫酸钠，坚膜剂为钾矾，防污剂为硼酸、醋酸等。

1. 硫代硫酸钠

硫代硫酸钠又称“海波”，俗称“大苏打”，为无色透明结晶体，是定影液中最主要的药品，对未感光的卤化银有极强的溶解作用，而对已经还原出来的银粒不产生影响。定影液中的硫代硫酸钠含量在30%时，定影的溶解能力最强，含量太多或太少时定影的能力均会下降，简易定影液中只有硫代硫酸钠，可以没有其他任何药品。

2. 硫代硫酸铵

硫代硫酸铵为白色结晶体，与硫代硫酸钠一样，流代硫酸铵也能溶解未感光的卤化银，而且其作用比硫代硫酸钠更为强烈、更为迅速，主要用于配置快速定影液。但硫代硫酸铵的性能不够稳定，定影时间过长时，对胶卷上的银有溶解减薄作用。

3. 钾矾

钾矾又称“明矾”、“硫酸铝钾”等，为无色结晶体，它对胶质类的物质有增进组织使其坚固的作用，能增强感光胶片乳剂膜的坚韧性。

七、其他药剂

对黑白胶片和照相纸的处理制作工艺很多，黑白摄影的后期制作中还会使用到好多其他药品，如硫脲、硫酸、硫氰化钾、铁氰化钾、硫化钠、偏硼酸钠、偏磷酸钠等，其中在黑白暗房制作中用途最大、最为常用的是铁氰化钾。

铁氰化钾又称“赤血盐”，为深红色结晶体，易溶于水，是冲洗黑白感光材料的辅助液，在冲洗过程中能将胶片或照相纸上已经还原出来的银溶解掉，可用于漂白、减薄等处理，铁氰化钾在暗房特技制作中有巨大的作用。

第三节　黑白胶片冲洗药液的配制

一、显影液的配制

1. 浓缩液的使用

为减少配制黑白冲洗药液的麻烦，一些公司生产了显影、定影的浓缩液，如乐凯公司生产的乐凯 HB-17 显影和 HB-19 定影浓缩液，使用时按照产品说明书提示，将浓缩液与清水按照一定的比例稀释就可以使用了，这种药液的配制极为简单，而且冲洗效果较好,如乐凯 HB-17 显影液,一般是 1 升装的,配制时补充液为 1:9 稀释,工作液为 1:12 的比例稀释,并且列出温度从 21℃至 30℃条件下对应的显影时间。当然在实际使用时,该显影液的稀释比可以在 1:12 至 1:19 自由地调节,不同的稀释比和显影温度条件对应的显影时间也不相同, 精确的冲洗时间可以通过查阅资料找到,也可以通过自己多次的控制实验和比较,不断地积累出来。常见的浓缩液还有:

依尔福 LC29 胶卷显影浓缩液,250ml 装,适合当前 ILFORD 所有胶片,也可用在其他厂牌的胶片上,1:29 稀释时可显影一次,1:19 稀释时可显影两次,1:9 稀释时可显影三次,重复使用时第二次显影时间比标准时间增加 10%,第三次增加 20%。

依尔福 ILFOSOL S DEVELOPER 胶卷显影浓缩液,250ml 装,颗粒细,清晰度高,尤其适合中低感光度的胶片显影, 如 PANF Plus,FP4 Plus ,DELTA 100 PROFESSIONAL 胶片,标准稀释比例为 1:9,可使用一次。

依尔福 DD-X 超微粒胶卷显影浓缩液,1 公升装,1+4 配制工作液, 显影获得的影像锐利清晰,颗粒超微,影调过渡极为平滑,特别适合 DELTA 系列的胶片、需要追冲的胶片如 HP5 Plus、 DELTA 400 PROFESSIONAL、 DELTA 3200 PROFESSIONAL 和 SFX200,也适用于需要高倍放大的胶片显影,正常稀释比为 1:4,第一次冲洗效果最佳。

2. 使用袋装药品配制显影液

摄影器材商店销售得最多的是袋装冲洗药粉,这种包装的冲洗药粉是根据一定配制药液量,将各种冲洗药粉按照一定的比例,预先称量分成小包后包装在一起。这种冲洗药粉在配制冲洗药水时较为方便, 配制冲洗药水前应先仔细阅读说明书,按说明书的提示进行操作,主要注意包装可各小包药粉的溶解顺序,以及配制药水时水的用量。

3. 使用散装药品配制显影液

使用散装药品配制显影液是一些专业摄影者特别偏好的配制方法,在实际配制时可以在熟悉冲洗药液配方的基础上,根据实际照片的艺术表现效果,适当地增减药液配方中的成分,以获得理想的冲洗效果。

配制显影液的操作步骤与注意事项一般如下。

(1)熟悉药液的配方。

(2)将 750 毫升配制药液用水的温度调节到 50 摄氏度左右,注入量杯。

(3)用天平精确称量每一种药品,并将药品按照顺序缓缓倒入量杯,用玻璃棒不断地搅动,每一次都要等药品完全溶解后再加入下一种药品。

(4)所有药品完全溶解后,加水使药液的总量控制在 1000 毫升。

(5)将配制好的显影液用漏斗注入深棕色的毛口玻璃瓶,并尽量注满以减少显影液与氧气接触的机会。

(6)在玻璃瓶上贴上标签,并注明药液名称和配制日期,将显影液在避光处放置 16 小时以上才可以使用。

二、停显液的配制

停显液的配制要求没有显影液的配制那么高,按配方要求配制即可。

三、定影液的配制

定影液的配制要求也没有显影液的配制那么严格，配制时注意按照配方的要求和顺序进行即可。

四、药液的保存

配制好的药液的保存，主要是指对显影液的保存。因为显影药液的性能稳定性较差，受各方面影响的因素较多，在贮存时应注意以下几个方面。

①配制好的药液应避光、尽量充满容器密封保存，注意保存药液的温度，一般保存温度在12~20摄氏度为宜。因为温度高时保存期短，温度太低会使显影液中的某些药品析出晶体而影响药液性能。

②药液的浓度高时保存期长，浓度低时保存期短。为此，可以配制浓缩的药液，实际使用时再稀释成标准浓度的药液。

③对于显影液而言，其碱性越强，药液的保存性越差，碱性越弱，药液的保存性越好。因此，配制药液时，可以将影响PH值数的药品与其他药品单独配制，分瓶存放，实际使用时再按比例混合起来。例如配制D-76显影液时，可将无水碳酸钠和其他药粉单独配制溶液、单独保存，使用时按比例混合成标准的D-76显影液，这样对延长显影药液的保存期是极为有效的，但是，这种配制方法更应该在每种药液的瓶子上标明药液的名称、含量以及配制日期。

五、常用黑白冲洗配方

1. 柯达D-76通用胶片显影液

<table>
<tr><th>药品</th><th>用量</th><th>补充液</th><th>冲洗工艺</th></tr>
<tr><td>水（50℃左右）</td><td>750毫升</td><td>750毫升</td><td rowspan="6">原液使用；
显影温度20℃；
显影时间7-12分钟；
冲洗135或120胶卷后每卷加补充液30毫升。</td></tr>
<tr><td>米吐尔</td><td>2克</td><td>3克</td></tr>
<tr><td>无水亚硫酸钠</td><td>100克</td><td>100克</td></tr>
<tr><td>对苯二酚</td><td>5克</td><td>7.5克</td></tr>
<tr><td>硼砂</td><td>2克</td><td>20克</td></tr>
<tr><td>加水至</td><td>1000毫升</td><td>1000毫升</td></tr>
</table>

2. 柯达D-23微粒胶片显影液

<table>
<tr><th>药品</th><th>用量</th><th>补充液</th><th>冲洗工艺</th></tr>
<tr><td>水（50℃左右）</td><td>750毫升</td><td>750毫升</td><td rowspan="4">原液使用：显影温度20℃；显影时间7-12分钟；冲洗135或120胶卷后每卷加补充液25毫升。</td></tr>
<tr><td>米吐尔</td><td>7.5克</td><td>10克</td></tr>
<tr><td>无水亚硫酸钠</td><td>100克</td><td>100克</td></tr>
<tr><td>加水至</td><td>1000毫升</td><td>1000毫升</td></tr>
</table>

3. 柯达 DK-20 超微粒胶片显影液

药品	用量	补充液	冲洗工艺
水（50℃左右）	750毫升	750毫升	原液使用； 显影温度 20℃； 显影时间 8-14 分钟； 冲洗 135 或 120 胶卷后每卷加补充液 30 毫升。
米吐尔	5克	7.5 克	
无水亚硫酸钠	100克	100克	
偏硼酸钠	2克	20 克	
硫氰酸钾	1克	5克	
溴化钾	0.5 克	1克	
加水至	1000 毫升	1000 毫升	

4. 柯达 D-11 硬性胶片显影液

药品	用量	补充液	冲洗工艺
水（50℃左右）	750毫升	750毫升	原液使用； 显影温度 20℃； 显影时间 7-12 分钟； 冲洗 135 或 120 胶卷后每卷加补充液 30 毫升。
米吐尔	1克	3克	
无水亚硫酸钠	75克	100克	
对苯二酚	9克	7.5 克	
无水碳酸钠	25克	20克	
溴化钾	5克		
加水至	1000毫升	1000 毫升	

5. 柯达 DK-15 高温胶片显影液

药品	用量	温度	参考时间	冲洗工艺
水（50℃左右）	750毫升	24℃ 27℃ 29℃ 32℃	6-8分钟 5-6分钟 3-4分钟 2-3分钟	药液温度 24-27℃时，第 1 分钟要不停地搅动，以后每隔 1 分钟搅动 5 秒钟； 药液温度 32℃时，显影时要始终不停地搅动。
米吐尔	5.7 克			
无水亚硫酸钠	90 克			
偏硼酸钠	22.5 克			
溴化钾	1.9 克			
无水硫酸钠	45			
加水至	1000 毫升			

6. 柯达 D-82 低温胶片显影液

药品	用量	药液浓度	温度	参考时间	冲洗工艺
水（50℃左右）	750毫升	2：1	10℃	5分钟	该配方在 -2℃时开始冻结，但是在 3 份原液中加入 1 份乙二醇后，冻结温度为 -18℃。
米吐尔	14克				
无水亚硫酸钠	52.5 克	2：1	10℃	15分钟	
对苯二酚	14 克				
氢氧化钠	8.8 克	2：1	10℃	90分钟	
溴化钾	8.8				
乙醇	48 毫升	2：1	10℃	180分钟	
加水至	1000 毫升				

7. 柯达 D-72 相纸显影液

药品	用量	冲洗工艺
水（50℃左右）	750毫升	原液使用；显影温度 18-22℃；钡地相纸显影时间 3 分钟左右；涂塑相纸显影时间 1 分钟左右。
米吐尔	3克	
无水亚硫酸钠	45克	
对苯二酚	12克	
无水碳酸钠	68克	
溴化钾	1.5 克	
加水至	1000 毫升	

8. 硬性相纸显影液

药品	用量	冲洗工艺
水（50℃左右）	750毫升	原液使用；显影温度 18-22℃；钡地相纸显影时间 3 分钟左右；涂塑相纸显影时间 1 分钟左右。
米吐尔	2克	
无水亚硫酸钠	30克	
对苯二酚	8克	
无水碳酸钠	30克	
溴化钾	0.8 克	
加水至	1000 毫升	

9. 软性相纸显影液

药品	用量	冲洗工艺
水（50℃左右）	750毫升	原液使用；显影温度 18-22℃；钡地相纸显影时间 3 分钟左右；涂塑相纸显影时间 1 分钟左右。
米吐尔	4克	
无水亚硫酸钠	30克	
无水碳酸钠	30克	
溴化钾	0.5 克	
加水至	1000 毫升	

10. 停显液

药品	用量	冲洗工艺
水	750毫升	停显液温度 18-22℃；停显时间 15 秒钟左右。
醋酸(28%)	4克	
加水至	1000毫升	

11. 柯达 F-5 酸性坚膜定影液

药品	用量	冲洗工艺
水（35℃左右）	700毫升	原液使用；显影温度 15-25℃；胶卷定影时间 18 分钟左右；相纸定影时间 10 分钟左右。
硫代硫酸钠	240克	
无水亚硫酸钠	15克	
醋酸(28%) (或冰醋酸)	48毫升 (13.4 毫升)	
硼酸	7.5 克	
硫酸铝钾	15克	
加水至	1000毫升	

第四节 黑白胶卷的冲洗操作

黑白胶卷的冲洗操作方法一般有罐中显影冲洗、盆中显影冲洗、箱槽显影冲洗、机器自动冲洗等方法，不同的方法具有不同的特点，其具体操作的要领、注意事项不尽相同，其中罐中显影的冲洗方法使用得最为普及。

一、罐中显影的冲洗操作

用显影罐冲洗胶卷可在明室操作，具有易于控制显影的温度和时间，搅动方便，药液不易氧化和污染，胶卷不易划伤等特点。

1. 显影罐的种类

目前市场上销售的显影罐有很多种型号。从冲洗胶卷的规格上分，一般有135显影罐、120显影罐和135与120通用的显影罐；从制造材质上分，有塑料和不锈钢的显影罐；从内部结构上分，有片轴轨道式和胶带式显影罐。（图F3-1）

图F3-1 各种显影罐

不同的显影罐其内部结构也有很大的差异，由于其材质和构造的不同，不同的显影罐有着各自的优缺点。一般塑料显影罐的价格便宜，在冲洗中对搅动和显影温度的控制较为方便，但塑料片芯的光洁度和限位的精确度略差，装片时如果不注意就会出现胶片粘贴现象，使胶片粘贴的部分冲洗失败。不锈钢显影罐一般价格较高，常见的有135和120两种规格，其片芯是用不锈钢丝焊接而成的，装片的钢丝在装片时光滑流畅，片芯限位精确，不会出现片芯移位现象。

2. 显影罐的装片操作

显影罐的装片操作是罐中显影成功的基础，装片的失误会造成胶片在显影罐中有些部位粘贴在一起，胶片在粘贴部位在冲洗过程中浸不透冲洗药水，因此也就不能进行正常的显影，甚至根本就没有显影，这样冲洗出来的底片就会彻底失败，无法弥补。

显影罐的装片操作必须在全黑的条件下进行，因此初学者使用废胶卷在明室中练习装片操作，闭上眼睛反复练习装片的技术要领，直至非常熟练且没有失误后方可进行实际操作。

（1）简易胶带式塑料显影罐的装片操作。

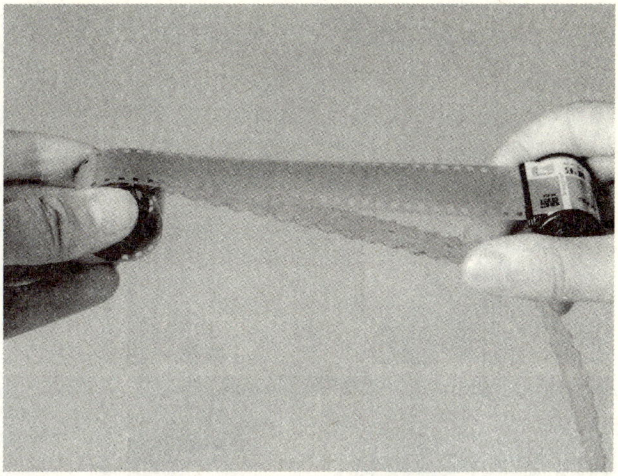

图 F3-2 胶带式显影罐的装片方法

这种显影罐极为简单，价格最为便宜，操作也是最简单的，在进行操作时只要将胶卷抽出，让胶卷与显影罐中配备的长条胶带贴在一起卷起来即可，胶带的长度与一卷 135 胶卷的长度接近，胶卷卷完后将胶卷剪断，胶卷和胶带卷成一盘后放入显影罐，将显影罐的盖子盖上就完成了装片操作（图 F3-2）。

在卷片操作过程中应注意胶卷的药膜面最好朝向胶带，这样可以避免在装片的过程中手指接触到胶片的药膜面；另外在卷片过程中，卷片的操作不能太紧，也不能太松，太紧时胶卷与胶带之间容易产生摩擦，胶片与胶带有可能会粘贴在一起，太松时胶片与胶带最终卷成的盘片会过大，显影罐中就放不下了，那还得重新装片。

(2)轨道式塑料显影罐的装片操作。

首先，在明室中做好装片准备工作。

①用剪刀将胶卷的片头剪平。(图 F3-3)

②将剪平的胶卷片头，沿 5mm 的宽度位置折叠一下，或多折几下。(图 F3-4)

③取出显影罐中的片轴，按胶卷的宽度调整好片轴上两个片芯间的距离，特别是 135、120 两用显影罐在冲洗 135 胶片时，更要注意调节。(图 F3-5)

然后，在暗室或暗袋中装片。

④左手握住片轴的一端，并使片轴长的一端朝着自己，因为这种显影罐片轴内螺旋槽此时是由内向外的，如果反过来拿则片轴内螺旋槽是由外向内，胶卷就无法装入了。(图 F3-6)

⑤从暗盒中抽出胶卷，用右手的拇指与食指捏住胶卷被折的一端，并将其捏成弓形，使胶卷的宽度小于片芯之间的距离，让胶卷被折部分钩挂在片轴最里面的突起处。(图 F3-7)

⑥左手夹着片轴的两个片芯，并按逆时针方向慢慢地转动片轴，右手始终将胶卷捏成弓形，以减少片芯与胶卷的摩擦，使胶卷顺畅地卷入片芯槽中。转动装片时，

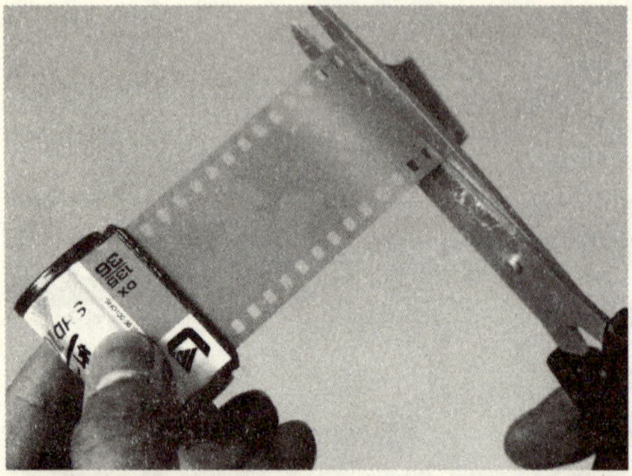
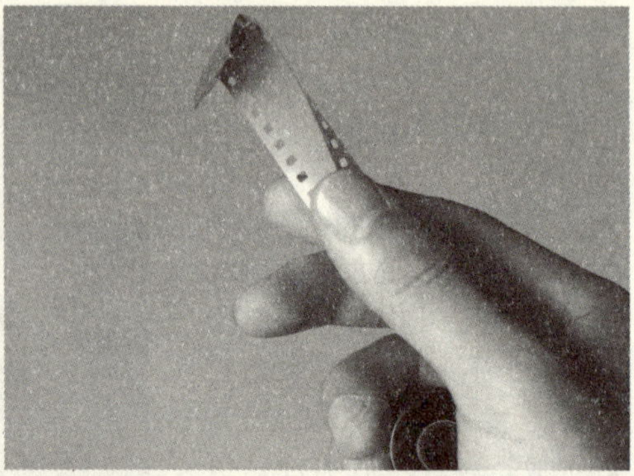
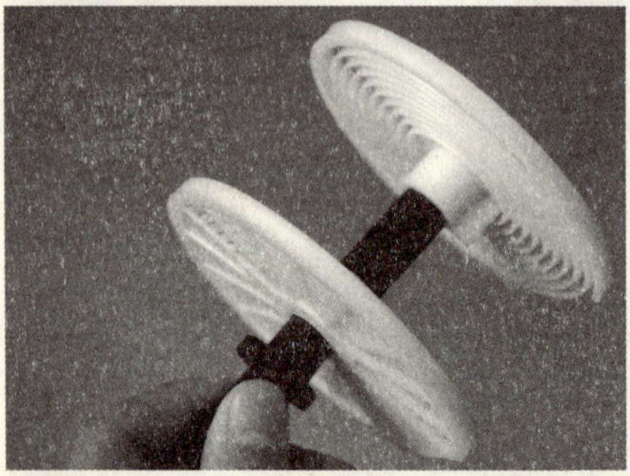
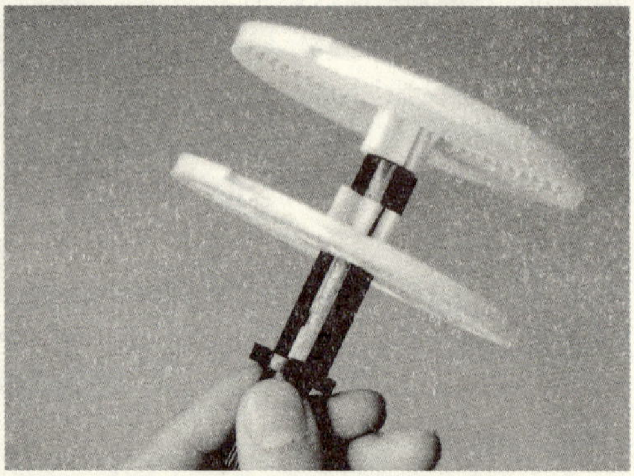
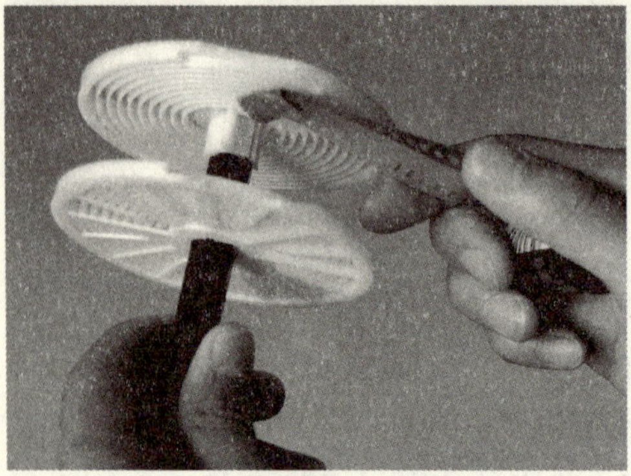
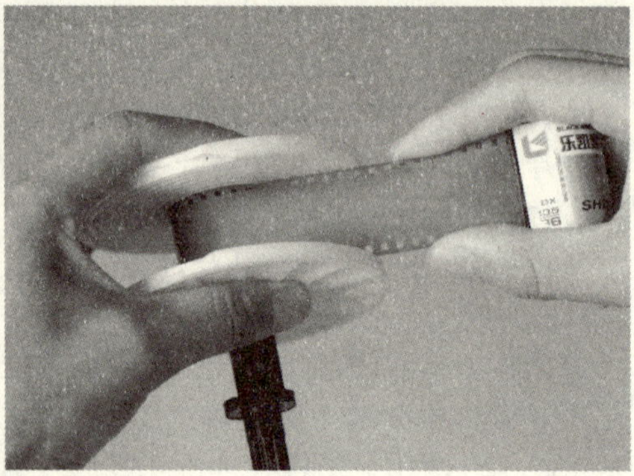
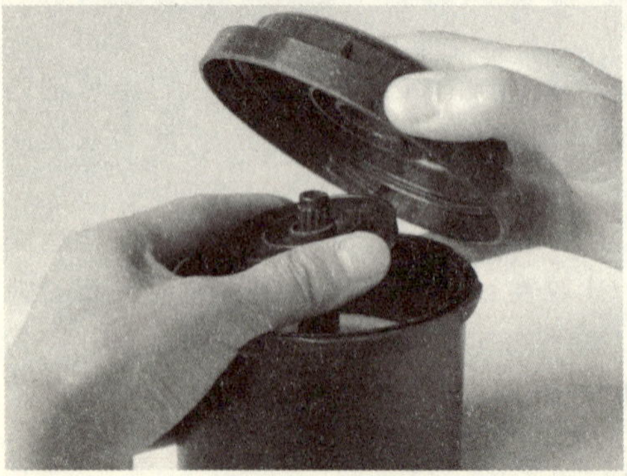

图 F3-3	图 F3-4
图 F3-5	图 F3-6
图 F3-7	图 F3-8
图 F3-9	

图 F3-3 剪平胶卷的片头
图 F3-4 折叠胶卷片头
图 F3-5 调整片蕊间距离
图 F3-6 片轴长的一端朝着操作者
图 F3-7 从暗盒中抽出胶卷
图 F3-8 逆时针转动长轴，使胶卷卷入片蕊槽中
图 F3-9 放入显影罐

胶卷边线与片芯互相摩擦的声音应较为流畅，如果转动装片时手感不顺畅或遭遇阻力，说明前面的卷片没有一直按照螺旋槽卷出来，此时，必须将胶卷放出一段来重卷。（图 F3-8）

⑦将装好胶片的片轴放入显影罐，先盖上小盖，再盖上大盖，这样既可遮光，又能注入药液。此时应注意小盖的朝向和大盖的紧密，避免显影罐漏光。（图 F3-9）

（3）不锈钢显影罐的装片操作。

不锈钢显影罐的原理与片轴式塑料显影罐一样，在不锈钢显影罐内也有一个片轴，因此，其装片操作与片轴式塑料显影罐基本一样，一般按如下步骤进行操作。

①将胶卷的片头剪平。（图 F3-10）

②取出不锈钢片轴，左手握住片轴，使片轴上的螺旋轨道顺时针方向时是由内向外的。（图 F3-11）

③将胶卷片头用片轴上的钢丝夹夹住，使胶片处于中间位置。（图 F3-12）

上述操作可以在明室中预先做好，下面的操作必须在全黑的暗房里进行。

④左手夹着不锈钢片轴的两个片芯，并按逆时针方向慢慢地转动片轴，右手始终将胶卷捏成弓形，以减少片芯与胶卷的摩擦，使胶卷顺畅地卷入片芯槽中。此处的操作与片轴式塑料显影罐一样。（图 F3-13）

⑤将装好胶片的片轴放入不锈钢显影

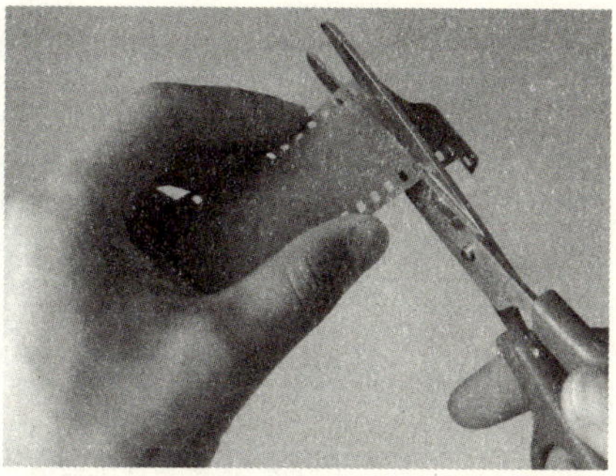

图 F3-10 剪平胶卷的片头

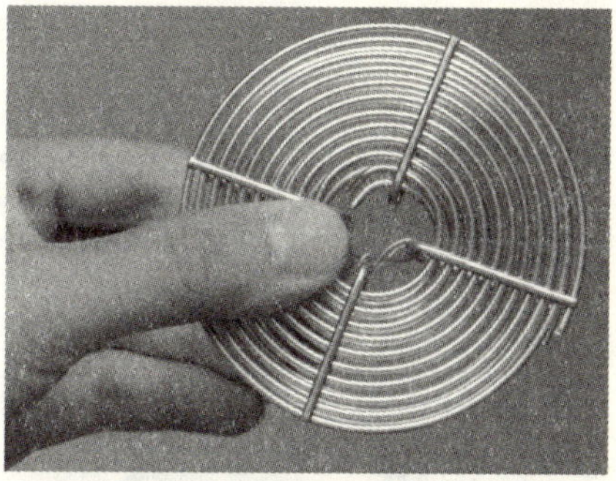

图 F3-11 取出不锈钢片轴

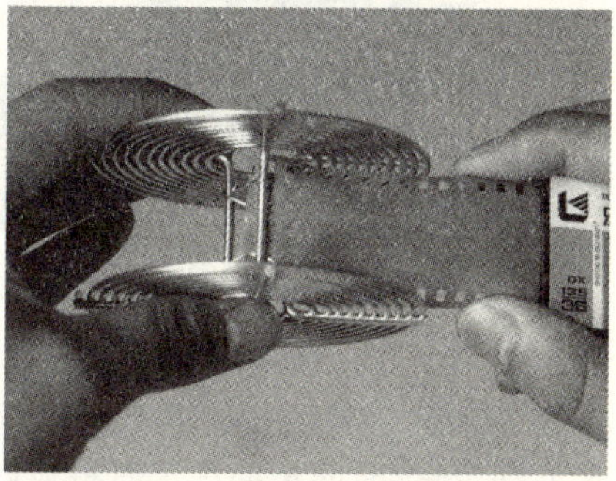

图 F3-12 夹住胶卷片头

图 F3-14 放入显影罐

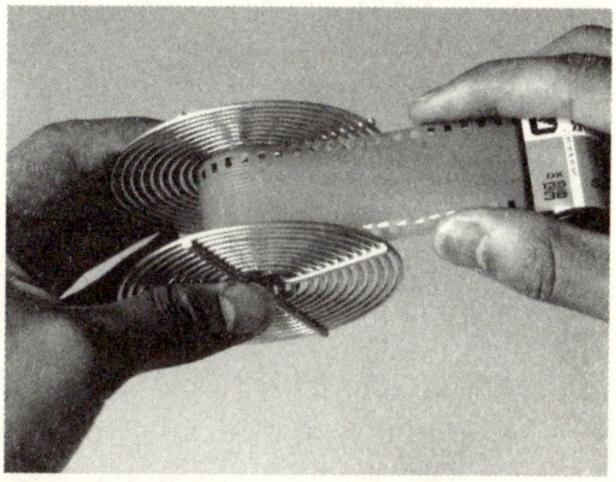

图 F3-13 逆时针转动长轴，使胶卷卷入片蕊槽中

图 F3-15 准备冲洗药水

图 F3-16 装片

罐，盖上大盖，注意盖子的紧密不要歪斜，避免显影罐漏光。(图 F3-14)

3. 罐中显影冲洗胶卷的一般流程

(1)准备冲洗药水。

根据所要冲洗的黑白胶卷和冲洗制作的要求，选择一定配方的显影液、定影液、停显液，控制其标准浓度，并将它们的温度调节成标准的冲洗温度。(图 F3-15)

(2)装片操作。

选择合适的显影罐，将要冲洗的胶卷装入显影罐，保持胶片相互之间隔开，冲洗药液能充分与胶片药膜面接触。(图 F3-16)

(3)水浴。

将显影罐中注满清水，搅动 1 分钟后倒掉。该过程的作用是使胶卷完全浸湿，避免显影时胶片上有气泡部位显影不均匀。(图 F3-17)

(4)显影。

检查显影液的温度，将显影液注入显影罐，注意显影过程显影液温度的变化和对显影液的搅动，严格控制显影时间，显影时间足够后及时将显影液倒出。该过程能将胶片上感光的银盐还原成黑色的银。(图 F3-18)

(5)停显。

将停显液注入显影罐，搅动 30 秒后倒出。(图 F3-19)

(6)定影。

将定影液注入显影罐，注意定影时的温度和定影过程中的搅动，控制好定影时间，一般定影时间为 5~10 分钟，定影时间足够后将定影液倒出(图 F3-20)。

(7)水洗。

将定影完毕的胶片放入流动的清水中冲洗 30 分钟以上。(图 F3-21)

水洗时的水温应控制在 16~25 摄氏度之间；要注意水质的清洁，应在水龙头上加装过滤器，以滤除水中的杂质；水洗完成后，从水中取出胶片前，应开足水龙头，用

图 F3-17 水浴

图 F3-18 显影

图 F3-19 停显

图 F3-20 定影

大流量水流对准胶卷的药膜面冲洗，冲洗时还可以用照相专用海绵擦拭胶片，从而清除吸附在胶卷上的各种细小杂物。

(8)去除水迹处理。

水洗完成后，将胶卷放入除水迹溶液中浸泡 30 秒钟。除水迹溶液一般用洗涤剂配制，1000 毫升的清水加入 10 毫升洗涤剂即可，这样就避免胶卷表面形成水迹斑

图 F3-21 水洗

图 F3-22 去除水迹

图 F3-23 晾干

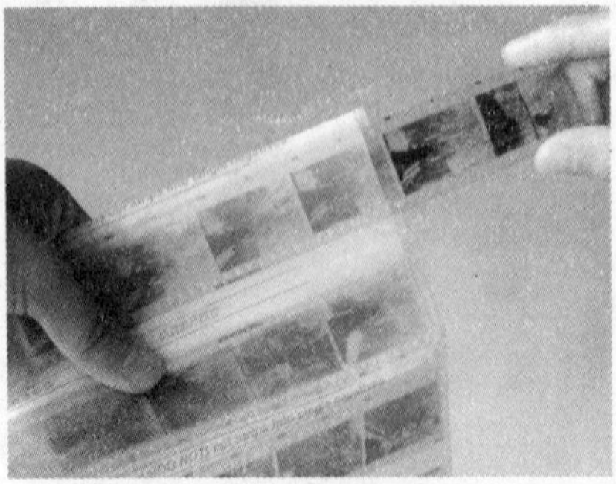

图 F3-24 保存底片

点。(图 F3-22)

(9)晾干。

将冲洗好的底片悬挂起来，用照相专用海绵擦干底片表面的水珠，让它在阴凉、通风、无尘埃的地方自然晾干。(图 F3-23)

也可以使用干燥器烘干，用照相专用海绵擦干底片表面的水珠后再开启烘干系统。还可将胶卷先浸泡在 20%浓度的酒精中，然后再挂晾，这样也能达到快速干燥的目的。

(10)保存底片。

将晾干的底片及时保存起来，不要长时间挂在那儿，一般是将胶片剪开，装入专用底片袋保存。(图 F3-24)

二、盆中显影的冲洗操作

盆中显影冲洗黑白胶卷时，显影、定影等过程都是在敞开的盆中进行的，因此操作比较简便、灵活、方便和快捷。不过盆中显影冲洗操作有很多致命的缺点，盆中显影时显影液的温度不易控制，显影液与空气的接触面积较大，很容易氧化；操作时的全黑条件会将显影液弄得到处都是，操作人员的劳累程度大，冲洗效果也难以控制；盆中冲洗操作时底片在盆中拖来拖去，很容易被划伤胶片。一般情况下，我们不使用盆中显影的冲洗方法。对于散页胶片或较短的胶卷可以采用盆中显影的冲洗操作，盆中显影的冲洗操作一般按如下程序进行。

1. 准备冲洗药水

在几个显影盆中分别准备好清水、显影液、停显液、定影液、去水迹溶液，并将各种冲洗药液的温度调节到标准温度。(图 F3-25)

2. 水浴

在全黑条件下，打开胶卷暗盒，取出黑白胶卷，两手分别捏着胶卷的两端，将胶片在盛有清水的盆中来回拖动，进行水浴操作。(图 F3-26)

图 F3-25 准备冲洗药水

3. 显影

水洗完成后，将胶片在盛有显影液的盆中来回拖动，进行显影操作。显影过程中，可以在深绿色的安全灯下观察胶卷的显影效果，如果发现显影不足，则可以继续显影，观察时间不宜超过 5 秒，时间太长胶卷会产生灰雾。（图 F3-27）

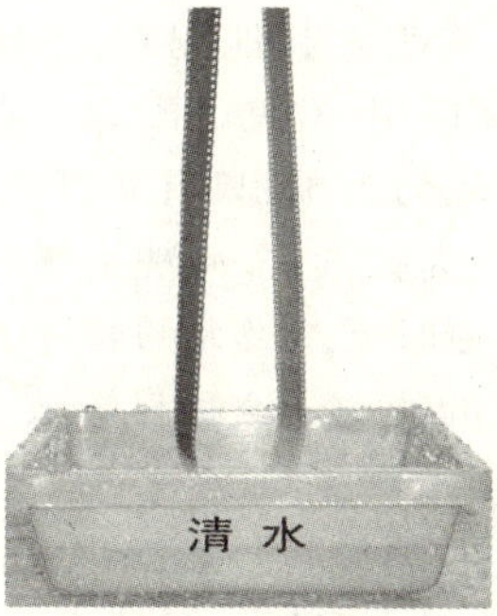

图 F3-26 水浴

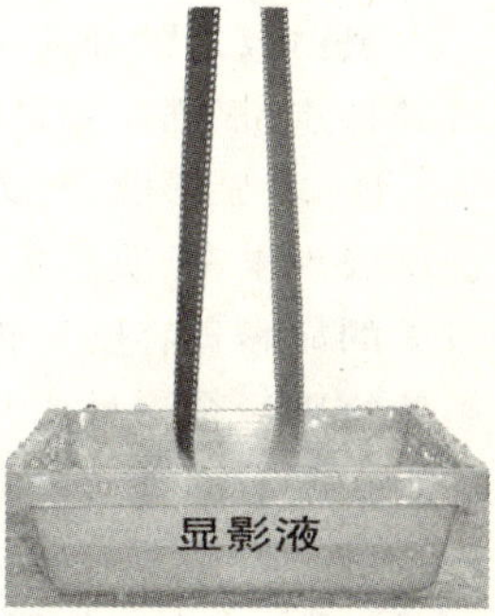

图 F3-27 显影

4. 停显

胶卷显影完成后，将胶片移到盛有停显液的盆中来回拖动，进行停显操作。（图 F3-28）

5. 定影

停显结束后，将胶片移到盛有定影液的盆中来回拖动，进行定影操作。（图 F3-29）

图 F3-28 停显

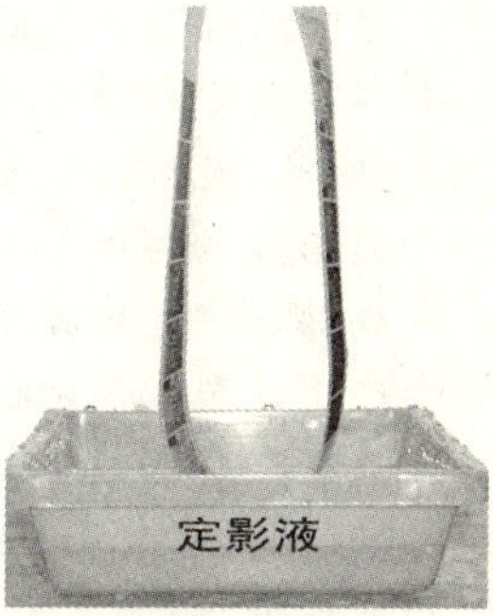

图 F3-29 定影

6. 除水迹、水洗、晾干、收藏胶片

定影完成后进行除水迹、水洗、晾干、收藏胶片等操作，盆中显影与罐中显影冲洗操作的每一个环节的技术要求一样，如冲洗的时间、温度、搅动等。

第五节 黑白胶卷的冲洗效果控制

黑白胶卷的冲洗在黑白摄影的后期制作中具有举足轻重的作用，最后得到的照片都是由底片放大制作出来的，照片的放大制作不好，可以反复实验，但冲洗的底片质量差、或冲洗失败，将永远无法弥补，更不可能获得高质量的照片了。因此黑白胶卷的冲洗效果直接影响照片的制作效果，值得我们进行深入的研究。

一、显影液配方对冲洗效果的影响

黑白胶卷的显影配方中使用得最多的就是柯达 D-76 显影液，在没有特别要求的情况下一般使用 D-76 显影液，它是一种中性的显影液，它的特点是微粒显影，冲洗出的底片颗粒细腻、层次丰富，能充分发挥感光乳剂的感光度，解像力高，对阴暗部分的细节有较好表现。使用时如果适当缩短显影时间或将原液稀释使用，可以降低反差，获得软调的效果。如果显影时适当延长显影时间，可以适当地提高黑白胶片的感光度。如果在新鲜的显影液中加一些用过的显影液，可以获得更好的颗粒性。

黑白胶片的显影还有很多其他配方，不同的显影配方有不同的特点，我们应了解其特点，根据需要选择使用，常见的配方还有 D-23 显影液、DK-20 显影液等。

D-23 显影液，配方较为简单，只有两种化学药品，冲洗出的底片反差极为柔和、层次极为丰富、质感极为细腻，适合冲洗拍摄黑白艺术人像的胶卷。这种显影液具有较大的显影宽容度，拍摄时反差极大的胶片上既有曝光过度又有曝光不足，D-23 显影液特别适合这种胶片的冲洗。这种显影液会降低胶卷的感光度，在拍摄时需要增加半挡左右的曝光量。

DK-20 显影液是一种超微粒显影液，它冲洗出的底片颗粒极细、层次丰富、影调较硬，适合放大制作巨幅黑白照片。但是这种显影液冲洗黑白胶卷时，会使黑白胶卷的感光度降低 1~2 挡，在拍摄时应增加 1~2 挡曝光。

二、显影液的温度对冲洗效果的影响

显影液温度的高低直接影响显影液内各种显影剂性能的发挥，冲洗黑白胶卷的标准温度为 20±0.5℃，在这个温度条件下，显影液中各种药剂的性能发挥均处于最佳状态，因此，显影液温度的严格控制是获得高质量底片的根本保证。

显影液的温度偏高，其显影的活性大，显影作用快，冲洗出的胶卷影像反差强、密度高、颗粒粗、灰雾度大，如果显影温度过高，如达到 40℃以上时，胶卷的感光乳剂就会产生龟裂或融化脱落现象。

显影液的温度偏低时，显影液的显影活性小，显影作用慢，如果药液温度低于 18℃时，显影液中几奴尼几乎不起作用，单独靠米吐尔起显影作用，这样冲洗出的底片反差偏低、影像平淡无力。

另外在某些情况下，显影液无法控制在标准温度时，也可以利用延长或减少显影时间来冲洗胶卷，显影温度与显影时间的对应关系，一般要根据厂家提供的参数来调整，如乐凯黑白胶卷就推荐了不同温度时的显影时间，如表 F3-1 所示，如果厂家没有提供这样的温度、时间对应表，就必须自己试验，总结出温度和冲洗时间之间的规律。

表 F3-1 乐凯新一代 SHD100 黑白胶卷温度与显影时间对照表

温度（℃）	18	19	20	21	22	23	24
时间（min）	7.5	7	6.5	6	5.5	5	5.5

三、显影液的浓度对冲洗效果的影响

在胶卷冲洗过程中,显影液的浓度对显影效果有直接的影响。常规配置的显影液原液为标准浓度,常规显影都是以标准浓度的原液来进行的,一般原液的浓度较高,药液对强光部分的显影密度增加比较快,胶卷上显影出的影像反差就大。

如果将原液显影液稀释后进行胶卷显影,则药液对强光部分的显影由于消耗较快,其显影作用减弱,而对阴影部分显影作用的减弱不明显,所以显影出的胶卷影像反差会降低,同时显影出的影像的清晰度会提高。

使用稀释显影液进行显影操作时,应注意稀释的比例,显影时间的延长,必要的时候应进行实验,总结稀释比例、显影时间延长倍数、显影效果等之间的关系。

四、显影时间对冲洗效果的影响

显影时间是指从黑白胶卷与显影液接触到黑白胶卷离开显影液之间的一段时间,是显影的全过程时间。在显影过程中黑白胶卷中的卤化银被还原成黑色的金属银。

显影时间越长,底片上的黑色的金属银堆积得越厚,底片看起来越黑,随着显影时间的推移,底片上高光部位银的还原速度越来越快,银的堆积也越来越厚,底片的反差也会越来越高。

反之,显影时间越短,底片上黑色的金属银堆积得越薄,底片看起来越通透、越淡,底片的反差也越低。

准确的显影时间一般以生产胶卷的厂家推荐的冲洗时间为准,但厂家推荐的时间并不十分准确。某一品牌胶卷的准确显影时间,应根据对这种胶卷的多次拍摄和冲洗所积累的试验结果而定,试验出确定的结果后,自己在冲洗胶卷时就应该严格按照试验结果的显影时间严格执行。

每次换用一种新的黑白胶卷,都应该仔细阅读厂家的产品说明书或查找有关资料获得显影时间,并按此时间进行试冲,再根据冲洗的效果进行适当调整。

另外,为确保显影时间的准确,应从显影液全部注入显影罐时开始计算时间,到显影液完全倒出时结束时间计算,并立即注入停显液,否则吸附在胶卷上的显影液仍会继续显影,使实际显影时间延长。

五、显影时的搅动对冲洗效果的影响

显影时的搅动对黑白冲洗效果液有很大的影响,它主要表现在以下几个方面。

①显影时的搅动能使胶卷中被摄景物的高密度与低密度区域的显影液增加和保持显影的活力,有效地防止胶卷出现显影不均匀的现象。

②显影过程中的搅动对底片的反差有着明显的影响。显影过程中如果不搅动,接触胶卷药膜部分的显影液浓度很快就会降低,特别是底片上景物高光部位的药液失效较快,显影的速度变慢,还原成黑色银粒的速度也会变慢,因此胶卷中被摄景物的高密度与低密度间的差距就缩短,胶卷的反差变小。反之,如果在显影过程中进行常规的搅动,对冲洗出的底片的反差表现是十分有效,如果显影过程中一直不停地

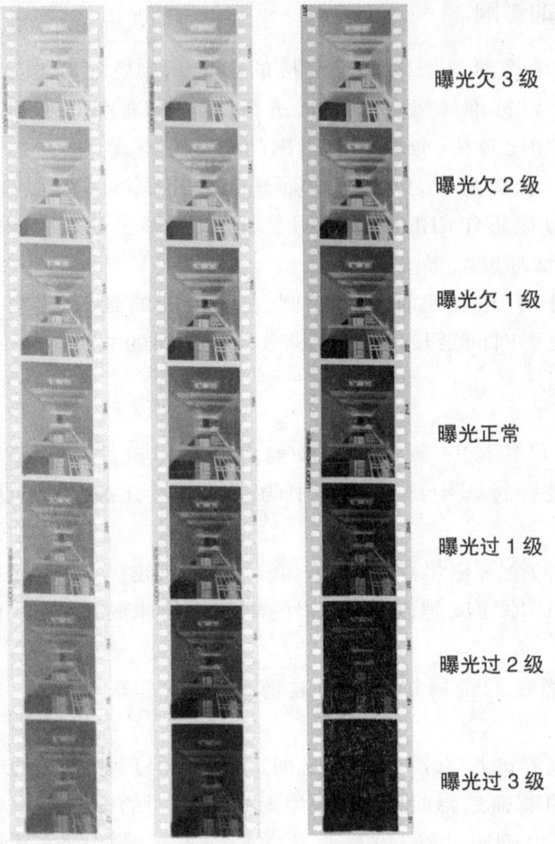

图 F3-30 曝光与显影的组合效果

搅动，其反差会比正常的搅动时更大。

③显影时搅动的方法一般这样进行：显影液全部注入显影罐后，连续搅动 1 分钟，然后每隔 1 分钟搅动 10 秒钟左右。

六、曝光与显影的配合对冲洗效果的影响

曝光不足的底片显影过度些，曝光过度的底片显影不足一些，均能将冲洗底片整体密度控制在正常的范围，但是其冲洗效果与正常曝光的底片标准显影后的效果有很大的差异，不同的冲洗效果可以突破拍摄条件的限制，可以为主体的表现、创作意图的表现、艺术效果的表现服务。

我们可以对曝光与显影的组合试验来研究曝光与显影对冲洗效果的影响，具体的做法是：选择亮暗差别较大、层次丰富的景物拍摄，拍摄时采用梯级曝光法，拍摄曝光欠 3 级、曝光欠 2 级、曝光欠 1 级、曝光正常、曝光过 1 级、曝光过 1 级、曝光过 2 级、曝光过 3 级的照片三组，一组底片正常冲洗，一组底片故意冲洗过度，还有一组底片故意冲洗不足，这样对曝光与显影的组合对表现效果的影响很容易就分析出来了。（图 F3-30）

第六节 黑白胶片冲洗质量的鉴别

一、黑白胶片冲洗的质量标准

由于感光材料的不同、冲洗配方的不同、冲洗条件的不同以及冲洗过程中的特殊要求等，每一个胶卷冲洗出的效果不可能完全一致，很难制定一个统一的底片质量标准，但黑白胶卷的冲洗质量可以从底片的密度、反差和颗粒度三个方面来进行考察。

1. 密度

密度是感光胶片曝光、冲洗后银影在底片上堆积的厚度,或者是胶片曝光冲洗后变黑的程度。决定底片密度大小有三个因素:一是拍摄时的曝光量的多少;二是显影条件;三是胶卷感光度的高低。其中对底片密度影响最大的是曝光量,一般情况下,曝光、显影都正常的底片,其最大密度为1左右,最小密度为0.35左右。

2. 反差

反差是感光胶片曝光、冲洗后,胶片上影像的密度差,是胶片上最大密度与最小密度之间的差额。决定底片反差的因素有:①景物自身的明暗反差;②摄影光源的性质和光位;③照相镜头成像的软硬素质;④感光胶片本身固有的反差特性;⑤显影条件的控制;⑥拍摄时曝光量与冲洗时显影时间的配合。一般标准底片的反差系数在0.65~0.70之间。这种反差系数的底片能够较好地表现出被摄景物的明暗结构和较为丰富的影调关系。测试底片密度的方法,可以用光电密度计来测量,也可以凭经验进行目测,或者通过印、放的样片来判断。

3. 颗粒度

颗粒度是胶卷经过曝光和冲洗后,感光乳剂中的卤化银还原成金属银后构成影像的颗粒大小、粗细的程度。影响颗粒度的因素有四个方面。

①胶卷本身银盐的大小,一般高感光度的胶卷银盐的颗粒度大,低感光度的胶卷银盐的颗粒度小。

②制造胶卷的工艺方法上的差异,如柯达T-Max黑白胶卷的银盐成扁平状有序排列,使胶卷本身的颗粒度相当精细,解像力得到大幅度的提高。

③拍摄时曝光量的多少,曝光量多的胶卷,冲洗后银粒堆积就多,颗粒度就粗;反之,颗粒度就细。

④冲洗条件的选择,冲洗时显影液的温度高、显影液的PH值高或显影时间长,都会使银盐的颗粒度变粗;反之,颗粒度就细。

检测底片的颗粒度,可用10倍以上的放大镜利用透射光进行观察,或将底片进行巨幅照片局部放大来进行观察。

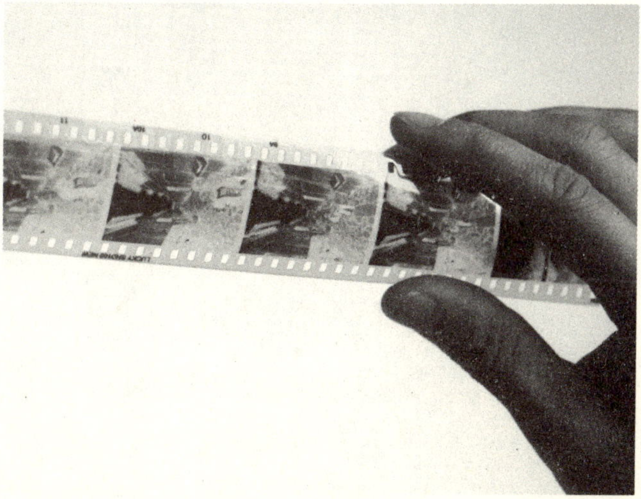

图F3-31 观察黑白底片

二、鉴别底片质量的方法

鉴别底片制作的质量一般依赖于目测和经验。我们一般使用观片灯箱观察底片,也可以用一张白纸通过反射光

图 F3-32 胶卷齿孔边沿的标记与数字

线观察底片，使底片处于均匀亮白的背景衬托下，这样才能清楚的观察底片效果。(图 F3-31)

观察底片画面效果，鉴别底片拍摄冲洗的整体情况，标准底片的画面效果应该是整体密度适中，最大密度处不死黑，有一定的层次感，最小密度处不死白，能显出部分影纹细节，景物的影调层次较多,有丰富的层次关系。

观察底片齿孔边沿，鉴别底片的显影情况，胶卷的齿孔边沿上一般有生产厂家的胶卷品牌标记和胶卷计数的数字。如果标记和数字清晰可见，黑色的密度浓而不闷，属于显影正确；如果标记和数字支离破碎，黑色的密度淡而不黑，则是显影不足；如果标记和数字变大变粗有向外渗透之感，黑色的密度浓而不透，则是显影过度。(图 F3-32)

附录四

黑白照片的放大制作

冲洗出来的黑白胶片必须经过放大、冲洗等制作过程才能获得黑白照片，黑白照片的制作是在暗房中使用放大设备，将底片的影像投影到黑白照相纸上曝光成像，然后再将曝光过的照相纸经过显影定影等操作而获得黑白照片。

第一节 黑白暗房的布置

暗房是冲洗胶卷、放大制作照片的场所，简易的暗房可以使用家庭里的卫生间改造，但是专业暗房必须进行精心设计，综合考虑暗房工作的方便、合理、健康、安全等因素。

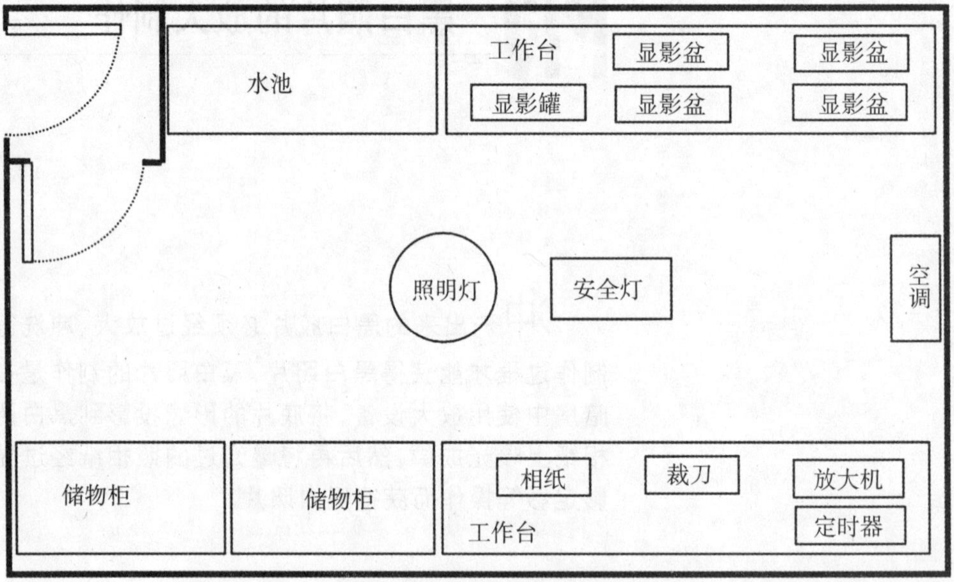

图 F4-1 常规暗房布局示意图

图 F4-1 是一个常规暗房的布局示意图。一般情况下将暗房分为干区和湿区，干区主要放置放大机、定时器、裁纸刀、照相纸等设备与器材。湿区主要安置水池，放置药品、冲洗盆、冲洗药水等。

第二节 黑白照片放大的设备与器材

黑白照片的放大是利用光学成像系统将负像底片放大投影到感光照相纸上，然后再将放大纸进行冲洗操作，从而获得比原底片大的正像照片，在放制黑白照片的过程中使用到的设备和器材很多。

一、放大机

放大机是放制黑白照片最基本的设备，放大机中有一光源，光源将底片照亮，使底片通过放大镜头在放大尺板位置的照相纸上成像，使底片影像在照相纸上形成潜

在影像。放大机主要的结构有支架、底板、混光室、灯泡、集光镜、底片夹、放大镜头等。(图 F4-2)

1. 底板

底板是固定放大机支架的平台，其上可以放置放大尺板或直接放置照相纸，底板表面要平整，同时必须有足够大的面积和足够的重量。

2. 支架

支架是固定在底板上用于支撑放大机灯头的机械部件，通过其上的旋钮调节能够调节放大机灯头的升降，支架必须坚固、稳定，尽量避免放大照片时支架的晃动。支架上一般有升降旋钮，它用于调节放大机头的高度，控制和调节放大照片的尺寸。

3. 灯室

灯室是放大机的光源和集光镜的所在，一般是由金属制成，内部涂成白色，以增强光源部分的亮度，灯室应具有良好的散热性，但又不能漏光。

4. 集光镜

图 F4-2 放大机结构示意图

集光镜是灯室内使光源光线向镜头方向会聚的光学部件，常见的集光镜有集光式、半集光式和散光式三种。不同的集光方式，最终获得的光源性质不同，放制照片时应根据实际需要选择不同的集光镜片。(图 F4-3)

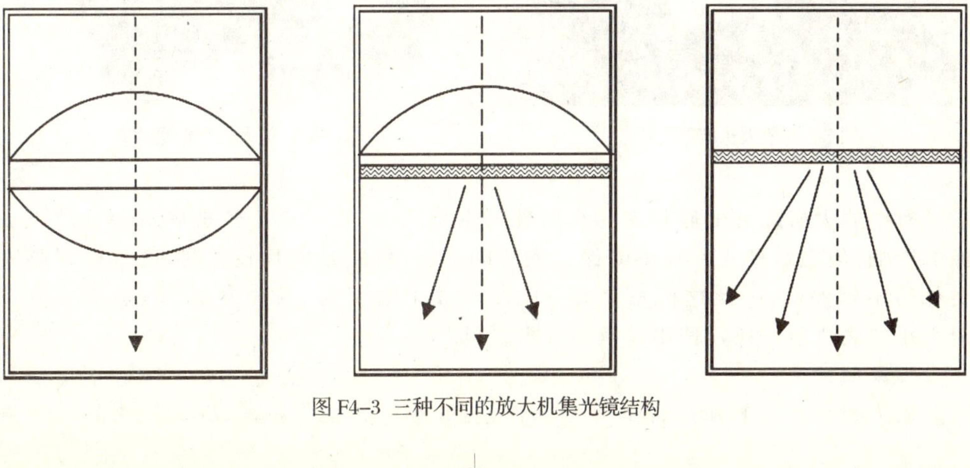

图 F4-3 三种不同的放大机集光镜结构

(1)集光式集光镜。

该集光镜对光线的会聚能力极强，能将光源发出的光线最大限度的会聚向镜头，对光源光线的损失较小，光源放大照片时光照较强，放大曝光时间相对较短，使用这种集光镜的放大机放制的照片反差较大，明暗对比强烈，照片锐度较高，画面清晰较高。但是，使用这种集光镜的放大机由于其光源方向性较强，光照的均匀性受灯泡位置、灯泡与集光镜之间的距离等因素的影响极大，稍不注意就会造成光线不均匀，使放制出来的照片明暗不均匀。

(2)半集光式集光镜。

该集光镜使光线经过凸透镜聚光后，再经过散射性玻璃的散射后投射向底片和镜头，光线具有一定的会聚性质，同时又具有一定的散射性质，因此也较为均匀，使用这种集光镜的放大机放制出的照片反差适中、影调柔和。

(3)散光式集光镜。

该集光镜就是一块磨砂玻璃，光源发出的光线透过磨砂玻璃后有效地散射，因此光照极为均匀，但光源光线的损失较为严重，所以最终的放大光照较弱，亮度较低，放大曝光时间相对较长，放制出的照片反差最小，影调更为细腻柔和。

5. 底片夹

底片夹是放大照片时夹置底片的部件，主要由金属框和两片玻璃构成。两片玻璃要求光洁平整均匀，玻璃底片夹能保证底片的平整，但是玻璃平整度、清洁程度等对底片的放大成像有一定的影响。(图 F4-4)

图 F4-4 放大机玻璃底片夹

图 F4-5 放大机空框底片夹

有些放大机配备的底片夹为无玻璃的空金属框，它可以避免玻璃对底片放大成像的影响，但是这种底片夹不能保证底片的平整，特别是底片较大时，底片的平整度更加得不到保证，因此这种底片夹一般用于放大面积较小的 135 底片，放大 120 以上大小的底片最好还是使用玻璃底片夹。(图 F4-5)

6. 放大镜头

放大镜头是照相纸成像的光学部件，与照相机的镜头一样，放大镜头的质量直

接决定了放大照片的成像质量，有条件应选用性能优异的放大镜头。（图 F4–6）

放大镜头的结构一般有六片四组、四片三组和三片三组的设计，一般放大镜头的镜片越多性能越好，性能优异的镜头一般为六片四组的设计。

放大镜头有最大光圈，一般是最大光圈越大越好，如 F2.8 的放大镜头一般比 F5.6 的好；放大镜头也有 APO 镜头，当然其成像表现比普通镜头要优异得多。

图 F4–6 放大机镜头

对放大镜头选用除了对其成像质量的考虑外，还应根据底片大小选择合适焦距的镜头，一般情况下，镜头的焦距越长，镜头的涵盖力越大，放大倍率越小，反之镜头的焦距越短，其涵盖率越小，放大倍率越大。对放大镜头焦距的选择应首先考虑其涵盖率，一般情况下，放大镜头的焦距长度应略大于底片的对角线长度，我们常用的放大镜头有 50mm、75mm、80mm、105mm 几种，与其对应的底片如表 F4–1 所示。

表F4–1 放大镜头的焦距与底片的配合

放大镜头焦距	50mm	75mm	80mm	60mm × 60mm
底片画幅	36mm × 24mm	60mm × 45mm	60mm × 60mm	60mm × 70mm

如果放大镜头的焦距长度小于底片的对角线长度，底片四周的部分光线就会被拦截，放出的照片就会四角发白、发虚，画面出现影调严重不均匀的现象。相反，如果放大镜头的焦距大于底片的对角线长度时，不会出现照片四角发白、发虚的现象，但是放大照片的放大率过小，在放大镜头与放大台板之间有限的高度里，得不到需要的较大尺寸照片。

7. 皮腔和聚焦旋钮

该装置能调节放大镜头到底片之间的距离，主要作用是使底片在照相纸上成清晰的影像。

二、安全灯

放大黑白照片的安全灯为红色安全灯，在黑白照片的放大过程中，无须在全黑的条件下操作，因为黑白照相纸是色盲性质的感光材料，它对红光几乎不感光，但是如果红灯过亮，或者黑白照相纸在红灯下停留的时间过长，照相纸还是会部分曝光的，会对

图 F4-7 放大机的放大尺板

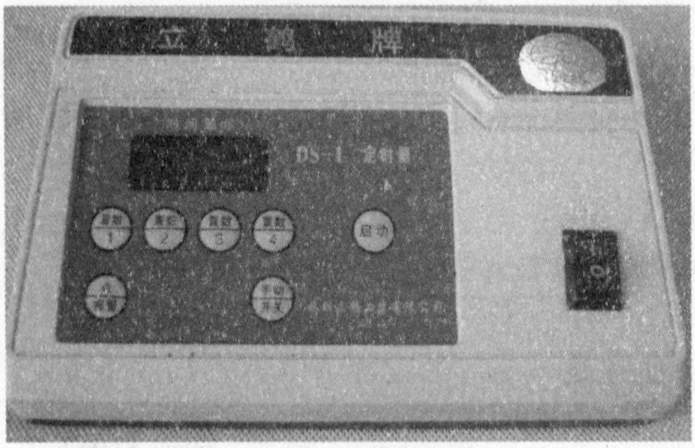

图 F4-8 放大曝光定时器

照片影像形成很大的影响，会使放大制作的照片具有明显的灰雾，为此我们首先必须控制暗房红色安全灯的亮度，一般的做法是将一张没有曝光的照相纸在平时照相纸使用的距离上放在红灯下曝光 5 分钟，然后将其放入显影液显影 2 分钟，定影后取出照相纸与刚取出的新照相纸比较；如果没有明显的差异说明暗房红色安全灯的亮度比较合适，如果有明显的灰雾，则说明暗房红色安全灯太亮了不安全，需要降低其亮度，一般可以在安全灯灯泡上裹一层红色灯光纸。另外在放大制作黑白照片的过程中，应尽量避免照相纸长时间暴露在红色安全灯下。

三、放大尺板

放大尺板是承托放大纸的基本工具，一般由金属材料制造，使用的最多的是二遮边式，通过两条遮边的调节，可以承放不同规格的放大纸，放制不同尺寸的照片。(图 F4-7)

另外还有框架式尺板和四遮边式尺板，框架式尺板为定幅结构，只允许承放同一种规格的放大纸。四遮边式尺板在承放照片时，四边可留出等量白边，能确保画面四角垂直，操作方便但售价比较昂贵。

四、曝光定时器

放大曝光定时器是控制曝光时间的工具，一般有机械式和数字式两种。机械式多为旋钮调节式结构，电子式多为按钮调节式结构；数字式定时器更加精确，而且控制的曝光时间范围大，长到数十分钟，短到 0.01 秒。(图 F4-8)

第三节 黑白照片的放大制作程序

黑白照片的放大是将黑白底片上的影像层次完美地再现到照相纸上，是摄影师再现创作意图、完善创作构思、进行艺术再创造的重要环节，放大制作黑白照片步骤如下：

一、检查调试放大机

在进行黑白照片的放大之前，必须检查放大机的成像情况，一台合格的放大机必须光照均匀、虚实均匀。打开放大机的电源开关，底片夹上不用夹底片，在底片上垫上一层白纸，观察光照是否均匀，如果光照亮度不均匀，可松开放大灯泡的锁定螺丝，再慢慢地转动放大机头上部的调整拨杆，待光照均匀后拧紧锁定螺丝即可；打开放大机电源开关，在底片夹的中间位置夹入一张 135 底片，底片影像放大到放大尺板上，留出 135 底片的边缘齿孔，对底片成像进行调焦，调焦时注意观察上下两排的齿孔边缘是否同时清晰，影像的左右是否同时清晰，如果出现一边实、另一边虚的现象，就必须调节放大机的底片夹、放大镜头、放大台板之间的关系，使这三者保持平行，这样才能保证放大照片清晰度的均匀性。

二、准备黑白照片的冲洗药水

正式放大黑白照片之前必须配制好照片冲洗的药水，而且最好提前一两天就将药水配制好，尽量避免现用现配，因为刚刚配制好的冲洗药水性能不够稳定，冲洗质量得不到保证，常用的黑白照片冲洗药水有 D–72 显影液、停显液、定影液等。

三、清洁底片和底片夹

底片和底片夹的清洁程度直接影响照片的冲洗效果，底片和底片夹上任何灰尘、杂质都会通过放大镜头在照相纸上成像而再现出来，使照片显得很脏，影响照片的表现效果，增加照片后期修整的工作量。为此，在放制黑白照片前，要用吹尘气球清除底片上的灰尘(图 F4–9)，在放大操作过程中，取用底片和照相纸时，必须只触及底片和照相纸的边缘，或佩戴手套取用底片和照相纸，防止指纹在底片和放大纸上留下明显的痕迹，每次更换底片时要养成用吹尘气球清除灰尘的好习惯。

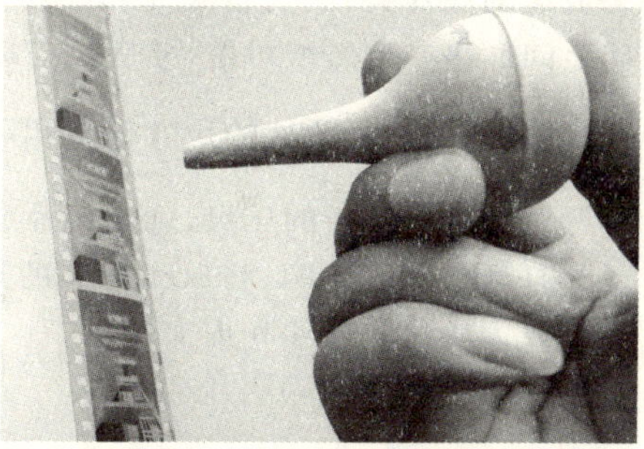
图 F4–9 清除底片上的灰尘

对底片夹的清洁，一般先用镜头纸将底片夹玻璃上的污垢擦干净，然后用吹尘气球清除底片夹上的灰尘(图 F4–10)。

图 4–10 清除底片夹上的灰尘

四、将底片放入底片夹，底片夹插入放大机

底片放入底片夹时，先调整底片夹相框，将底片四周的无影像区域遮挡好，如果遮挡不好，则底片四周比较通透，透过

图 F4-11 放大时边缘光渗严重的照片

的光线过于强烈，会产生光渗现象，使放大出来的照片边缘变黑，导致照片放大的失败。（图 F4-11）

要学会鉴别底片的药膜面，一般底片的药膜面相对粗糙不够光滑光亮，同时胶片一般向有药膜的一面弯曲，即凹的一面为药膜面，底片放入底片夹时，要使底片的药膜面向下，否则放制出照片与客观景物左右相反，就像镜子中的像一样。

底片还应放置在底片夹的中央，否则会因放大镜头的涵盖不足，放大制作出来的照片会出现虚实不均匀、深浅不一的现象，从而影响放制照片的质量。

在放置底片时还要注意牛顿环现象，牛顿环也叫色环，它是光线经过两个靠得非常紧的反射面出现的一种光的干涉现象，底片放在两片玻璃之间时，平整光洁底片片基具有很高的反射率，与两片玻璃面之间部分区域的间隔与光波波长接近时，就容易使放制出的照片上出现明暗相间的同心圆色环。消除色环的方法：一是采用防牛顿环玻璃的底片片夹；二是采用无玻璃的底片夹；三是将底片和底片夹擦得干燥些，重新放置底片；四是在底片与玻璃之间加垫一个黑纸衬框，使底片与玻璃之间能有较大的空隙。

五、调整放大照片的尺寸与虚实

调整放大尺板的压尺，确定照片放大的尺寸。（图 F4-12）

打开放大机电源，将放大镜头的光圈开至最大，此时观察到的放大影像最亮，可方便放大照片的尺寸和虚实调节。

图 F4-12 调整压尺

图 F4-13 调整机头高度

图 F4–14 放置一张废相纸

图 F4–15 调节机头上的调焦旋钮

调整放大机头的高度，在放大尺板上获得需要的放大尺寸。(图 F4–13)

取废相纸一张，照相纸的背面朝上，放入放大尺板中(图 F4–14)。这是因为调节成像的虚实时，如果直接在放大尺板上进行对焦，则放上一层照相纸后，由于缺少了一张相纸的厚度，放大出的照片焦点不实。

图 F4–16 调整光圈

反复调节放大机头上的调焦旋钮，使皮腔伸缩，并仔细观察放大影像中主体部位的清晰度，直到主体部位的影像最清晰为止(图 F4–15)。观察影像清晰度时可以使用专用的对焦器进行精确对焦，如果底片密度较大，不容易看清影像，可以将底片的边缘齿孔露出来，利用底片的齿孔和边缘来进行对焦。

六、调整光圈大小、估计曝光时间

将放大镜头的光圈由最大光圈收 1~2 挡，根据底片的厚薄和放大照片时投影到照相纸上的影像的亮度估计曝光时间，曝光时间一般控制在 10~20 秒之间。(图 F4–16)

七、选择合适的黑白照相纸，用试条照相纸进行曝光

选择适合于底片反差和照片表现需要的放大照相纸，用裁刀切出曝光用的试条(图 F4–17)。抽出放大尺板上对焦用的废相纸，在放大影像的主体位置放入感光试条(图 F4–18)。放置的曝光试条照相纸应注意照相纸的药膜面朝上，照相纸的药膜面一般为光亮、光滑的一面，然后使用放大机的定时器控制放大照相纸的曝光(图 F4–19)。

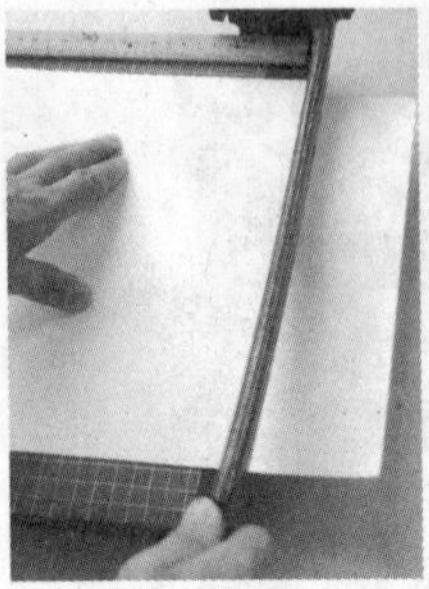

图 F4-17 切试条

图 F4-18 放入感光试条

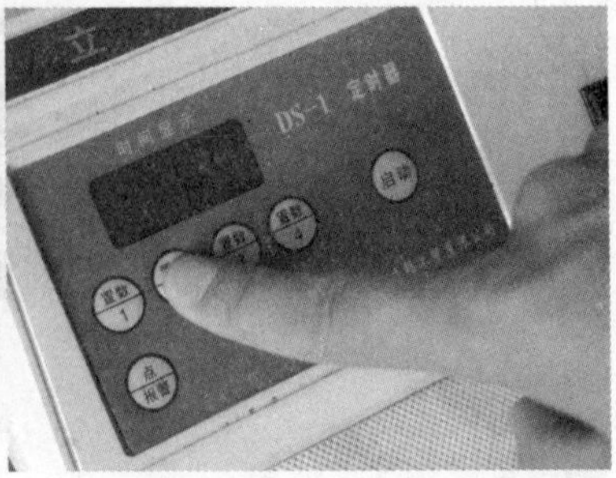

图 F4-19 控制曝光

八、黑白照相纸的冲洗，获得黑白照片

将曝光完毕的放大纸试条放入显影盆中显影（图 F4-20），按照标准显影时间 1~2 分钟显影，显影完毕后再停显（图 F4-21）、定影（图 F4-22），定影完毕后再经充分的流水冲洗（图 F4-23），水洗干净后再去除水渍、晾干（图 F4-24），这样就获得了黑白照片的试条照片，经过曝光修正后使用完整的照相纸正式放大制作出完整的黑白照片。

图 F4-20 显影

图 F4-21 停显

图 F4-22 定影

图 F4-23 冲洗

第四节 黑白照片放大制作的曝光控制

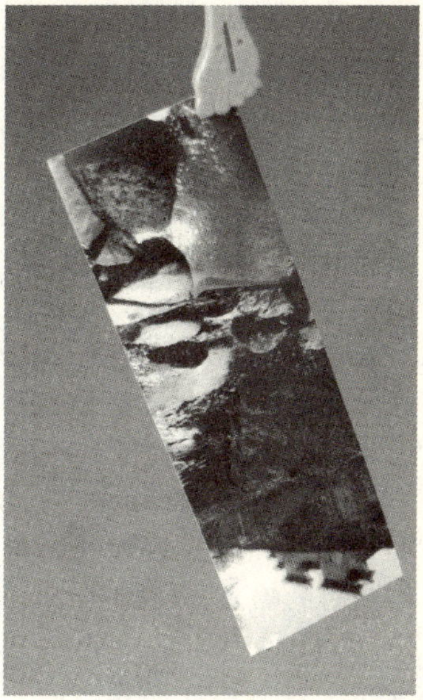
图 F4–24 晾干

在黑白照片的放大过程中，曝光控制是最为重要的环节，放大的曝光控制对黑白照片明暗、反差、影调、层次等表现有直接的影响。照片放大时的曝光主要是通过光圈和时间来进行控制的，确定曝光的方法主要是估计曝光、试条试验曝光的方法。

一、光圈的控制

放大照片时放大镜头的光圈对放制出的照片在清晰度、反差、影调层次等方面均有影响。如果用镜头最大的光圈放大照片，镜头的球面差会影响照片的质量，还会因为景深太短，使放大出的照片出现虚实不一的情况。相反，用镜头最小的光圈放大照片，虽然镜头的球面差有所改善，但光线通过小孔光圈时又会出现绕射现象，从而降低了镜头的成像质量，使照片的影像变得不清晰。

一般情况下，放大曝光时的光圈控制在最大光圈收 1~2 级，此时的光圈值是镜头成像质量最佳的位置，该光圈值也叫临界“光圈”。例如：该镜头的最大光圈是 f4，那么 f8 光圈就是最佳口径。

如果底片过薄，透光性太强，同时放大照片的尺寸较小时，底片投影到照相纸上的影像太亮，此时需要的曝光时间过短，可能在 0.5 秒以下，这么短的曝光时间很难手动控制，即使使用定时器控制也不够精确，因此放大镜头的光圈应适当得收小一些，以延长曝光时间，提高曝光控制的精度和方便性。

如果底片太厚，同时放大制作的照片尺寸较大，则底片投影到照相纸上的影像会太暗，此时需要的曝光时间会很长，有时甚至达到 2 小时左右，如此时使用的是最大光圈收 2 级，而使用最大光圈放制照片时，则只需要 30 分钟，会大大节省时间，提高工作效率。

二、曝光时间的控制

放大照片的曝光控制主要是曝光时间的控制，一般是先根据底片投影出来的影像的亮度、影像中主体的亮度，根据经验确定曝光时间，然后用一张小试条相纸曝光、显影、定影，再根据试条照片影像的明暗、反差调节曝光时间，这样反复试验后获得准确的曝光时间。

试条照相纸要从同一盒相纸中裁取，或从同一乳剂号、同一纸号的相纸中裁取，以确保相纸感光性能的统一。试条的大小要同放大的尺寸成正比，放大照片的尺寸较大，试条也要相应的大一些；如果试条太小，冲洗出来后很难观察出曝光与显影的实际效果。在冲洗试条时，要严格按照操作程序进行，并记录好各次试验的数据，通过多张曝光试条的比较，鉴别出正确的曝光试条。

对曝光试条的操作还可以在一张试条上一次试验多种曝光时间。具体操作步骤如下。

将放大镜头的光圈设定在 f8，把放大相纸裁切成一长条，压入放大尺板下；设定曝光时间为 4 秒钟，对试条整体曝光一次，然后用黑色卡纸或不透明的纸板沿试条的长边将相纸盖住 3/4，留出 1/4 的相纸，曝光 4 秒钟；移动遮挡纸板盖住相纸的 1/2，留出相纸的 1/2，曝光 4 秒钟；移动遮挡纸板盖住相纸的 1/4，留出相纸的 3/4，再曝光 4 秒钟，这样相纸的试样上依次有了四种曝光时间，即 4 秒、8 秒、12 秒、16 秒。

将曝光完成的试条相纸按正常的冲洗程序进行显影、停显和定影后，在白灯或自然光下观察试样的效果，得到的试条相纸上有四段明暗依次变淡的影像，可根据照片影调和层次表现的需要，选择明暗适中的一段影像的曝光时间，进行正式放大照片时的曝光。（图 F4–25）

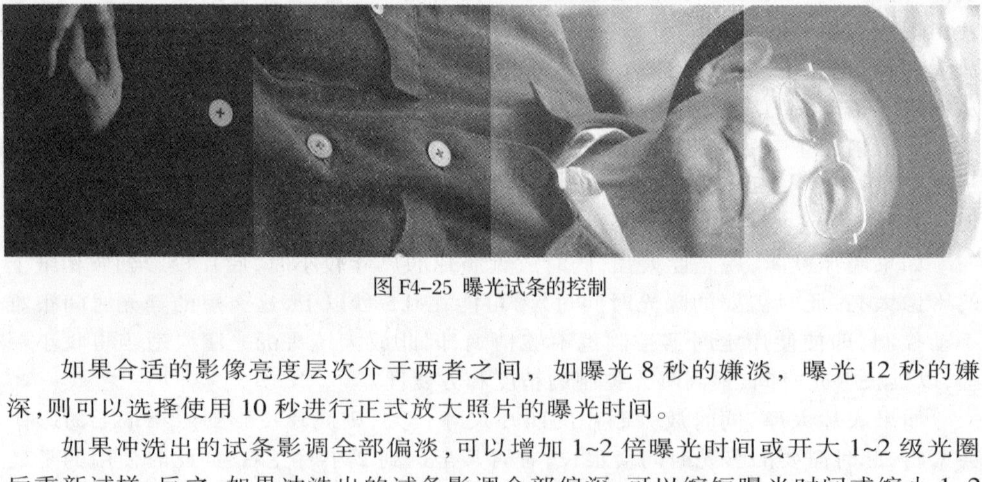

图 F4–25 曝光试条的控制

如果合适的影像亮度层次介于两者之间，如曝光 8 秒的嫌淡，曝光 12 秒的嫌深，则可以选择使用 10 秒进行正式放大照片的曝光时间。

如果冲洗出的试条影调全部偏淡，可以增加 1~2 倍曝光时间或开大 1~2 级光圈后重新试样；反之，如果冲洗出的试条影调全部偏深，可以缩短曝光时间或缩小 1~2 级光圈后重新试样。

第五节 黑白照片的冲洗控制

放大曝光后照相纸上已经留下了底片影像的潜在影像，这种潜在影像必须经过显影、停显、定影、水洗、干燥等冲洗程序，才能最终成为可以观赏黑白照片，对黑白照片的冲洗控制主要体现在以下几个方面。

一、黑白照片冲洗显影液配方的选用

冲洗黑白照片使用得最多的显影液配方为 D–72 显影液（表 F4–2），另外，根

据底片本身反差的强弱还可以选择使用软性显影液（表 F4-3）或硬性显影液（表 F4-4）。

表 F4-2　D-72 显影液配方

药品	用量	冲洗工艺
水（50℃左右）	750毫升	原液使用； 显影温度：18-22℃； 显影时间： 涂塑相纸 1 分钟左右； 钡地相纸 3 分钟左右。
米吐尔	3克	
无水亚硫酸钠	45克	
几奴尼	12克	
无水碳酸钠	68克	
溴化钾	1.5 克	
加水至	1000 毫升	

二、照片显影的控制

1. 显影液的温度控制

黑白照片的显影温度一般控制在 20℃左右，此时显影的反差效果最佳，温度过高或过低都会对显影效果带来负面影响，给显影控制带来不便，但照片的显影温度控制没有胶片显影那么严格，由于显影时能够直接观看效果，故显影效果可以通过显影时间直观地进行控制。

表 F4-3　软性显影液配方

药品	用量	冲洗工艺
水（50℃左右）	750毫升	原液使用； 显影温度：18-22℃； 显影时间： 涂塑相纸 1 分钟左右； 钡地相纸 3 分钟左右。
米吐尔	4 克	
无水亚硫酸钠	30克	
无水碳酸钠	30克	
溴化钾	0.5 克	
加水至	1000 毫升	

2. 显影搅动控制

曝光完成的照相纸应将药膜面朝下快速放入显影液中，在显影的过程中要不停地进行翻动，否则就会出现显影不均的现象，同时应注意显影时，夹子不能长时间夹住照片的一部分，这样被夹住的部分将不能正常显影。

表 F4-4　硬性显影液配方

药品	用量	冲洗工艺
水（50℃左右）	750毫升	原液使用； 显影温度：18-22℃； 显影时间： 涂塑相纸 1 分钟左右； 钡地相纸 3 分钟左右。
米吐尔	2克	
无水亚硫酸钠	30克	
几奴尼	8克	
无水碳酸钠	30克	
溴化钾	0.8 克	
加水至	1000 毫升	

3. 显影时间控制

在准确曝光的情况下，照片显影的时间一般控制在 1~2 分钟左右，此时的照片黑白分明、反差适中，但是在实际操作过程中可以根据曝光的多少，适当地对显影时间进行增减，如放大曝光略欠一些，可以适当延长显影时间，放大曝光略微过度一些，可以适当缩短显影时间，但是曝光过多或过少，通过显影时间来进行调节就无能为力了。

4. 显影观察控制

在操作上，对显影时间的控制通常是以我们看到的、显影液中照相纸上出现的影像的深浅为依据，认为影像的深浅合适时才将照片从显影液中夹出，放入停显液中终止显影过程。因此人眼在暗放红灯下对显影过程中照片的明暗观察力显得尤为重要，一般情况下，观察红灯下的潮湿的照片应比自然光下干燥的照片略深一些，即在红灯下的潮湿的照片看起来嫌深时，在自然光下看会正好，如果在红灯下看潮湿的照片明暗适中，则在在自然光下看会嫌淡。因此在暗房红灯下观察鉴别照片的深浅具有很强的经验性，只有经常放大照片、多放照片、多做比较、多做总结，才能不断提高观察照片的判断能力。

另外，在观察照片的显影效果时，为了积累观察的经验，保证对画面影调的判断正确，应保持暗室安全灯亮度的恒定，保持观察照片时安全灯与照片的距离始终一致。

三、停显控制

显影完成后应立即将照相纸放入停显液中，使照相纸上显影液的碱性中和，使显影过程立即终止下来，停显时间停显时可以使用专用的停显液，也可以使用清水替代停显液，停显效果几乎一样，但此时照相纸上显影液的碱性会带入定影液，会缩短定影液的使用寿命。

四、定影控制

定影时一般要控制好定影温度、时间和搅动，一般定影液的温度控制在20℃左右；对于新鲜的定影液，定影时间控制10分钟左右，如果定影时间不够则定影不透，冲洗好的照片日后会变色，如果定影时间过长，定影液会对照片的影像起减薄作用，使影像变淡；定影的过程中也应不停地翻动照相纸，否则定影会不均匀。

在上述冲洗控制过程中，显影与定影中用的夹子，要严格区分，不能混用。否则，会交叉污染药液，导致药液的功效迅速下降而失效。同时，要注意药液的损耗情况，应按规定及时补充药液，以保持药液的新鲜性和冲洗出照片影调的统一性。

五、水洗与晾干

定影完成的照相纸应进行充分的水洗，将照相纸中渗透的所有冲洗药液清洗干净，如果水洗不充分，日后照片会发黄、变色。涂塑照相纸一般用流动的清水冲洗10分钟，而纸基照相纸水洗时，应使用流水冲洗1小时以上，水洗的过程中也要不停的翻动照相纸。

第六节 黑白照片的反差控制

黑白照片放大制作过程中，影响黑白照片表现效果的因素很多，而影响最大的因素就是照片的反差效果。黑白照片的反差直接影响人们观看照片的视觉效果，反差的表现直接影响画面层次与影调的表现，对黑白照片反差控制，也是对照片影调与层次表现的控制。

实际操作时，可以利用底片和相纸自身的反差特性、显影液的特性、放大机的光源性质等方法放制照片的反差效果进行有效控制，从而获得高品质的黑白照片。

一、底片反差与相纸反差的配合控制

放大照相纸根据其反差特性可以分为特硬性反差相纸、硬性反差相纸、中性反差相纸、软性反差相纸四种，它们可以满足不同密度反差的底片使用。

底片厚薄是选择相纸的主要依据。一般情况下，底片的厚薄适中，则底片的反差适中，选用中性相纸能放制出反差适中、黑白对比度好、影调层次丰富、质感细腻、立体感强的照片。（图 F4-26）

底片较厚时，一般底片的反差较大，如果选用硬性相纸放制照片，则获得的照片反差大、黑白分明、影调层次少（图 F4-27）；如果选用软性相纸放制照片，则获得的照片反差适中。

底片较薄时，一般底片的反差较小，如果选用软性相纸放制照片，则获得的找反差偏小、黑白对比弱、影调偏软，缺乏立体感（图 F4-28）；如果选用硬性相纸放制照片，则可以获得适中的反差。

因此，根据底片的反差正确选配感光相纸的反差性能是放制高质量照片的重要环节，底片与相纸在反差性能上的正确配合关系到能否准确再现底片的影调层次和明暗关系。

图 F4-26 底片反差适中，中性相纸放大制作的照片影调层次丰富

图 F4-27 底片反差偏高，硬性相纸放大制作的照片反差过大、层次损失

图 F4-28 底片反差偏低，软性相纸放大制作的照片反差过小、影调偏软

二、利用显影液特性控制反差

黑白照片的冲洗过程中，显影液的特性对黑白照片反差有极大的影响，显影液的特性对黑白照片反差的影响表现在以下几个方面。

1. 显影液的配方

不同的显影液配方其反差性能一般不同，根据反差分类，显影液有特硬性、硬性、中性和软性等多种各具特性的分类。显影液中各种显影剂用量增、减，会使显影液在实际放制照片时，形成不同的反差，如果通过选用不同反差的照相纸仍然无法使照片获得理想的反差效果，则可以利用显影液的软、硬特性进行反差的调节和控制。欲提高照片的反差可用硬性显影液，欲降低照片的反差则要用软性显影液。

2. 显影液的浓度

一般情况下显影液浓度越高，其还原能力越强，对曝光多的部位作用大，显影出的照片反差就越大，反之，显影出的照片反差就越小。因此，欲提高照片的反差可用浓一些显影液，欲降低照片的反差可以将显影液稀释后使用。

3. 显影液的温度

显影液的温度较低时，其中对苯二酚的显影功能下降，这时冲洗出的照片反差偏低。显影液温度较高时，显影剂米吐尔和对苯二酚的显影活力较强，此时冲洗出的照片反差偏高。因此，欲提高照片的反差可以适当提高显影液的温度，欲降低照片的反差可以适当降低显影液的温度。

三、利用放大曝光与显影的配合控制反差

放大曝光略少一些、相纸显影时适当延长显影时间可以提高照片的反差；反之，放大曝光时略微过一些，相纸显影时适当缩短显影时间可以降低照片的反差。这种方法在控制放大照片反差时也是行之有效的。但是放大曝光的欠与过，显影时间的延长与缩短都必须控制在一定的“度”以内，否则会使照片放大彻底失败，根本得不到正常反差与层次的影像。

四、选择放大机的光源性质控制反差

放大机的光源性质有集光式、半集光式和散光式之分。在底片、相纸、冲洗条件等完全相同的情况下，使用三种不同性质光源的放大机放制照片，获得的照片会有三种不同反差效果。

集光式放大机的光源通过集光镜片发出的光线极为明锐，放大出的照片影像清晰，反差强硬。散光式放大机的光源通过磨砂玻璃发出的光线较为分散，放大出的照片影像均匀而柔和，反差软弱。半集光式放大机的光源通过半集半散的镜片发出的光线介于集光式与散光式之间，放大出的照片影像刚柔相济，反差适中。如备有两种不同光源性质的放大机，放大时可以首先考虑用放大机的光源性质来调节和控制照片的反差，这是最为方便又快捷的办法。

五、利用放大曝光时的光圈调节控制反差

实际放大制作照片时，在放大曝光时适当将光圈收缩得小一些，可以略微提高一点反差，光圈开得较大曝光时，获得的照片反差略低一些。

六、运用水洗控制反差

有时我们拍摄的底片密度反差较高，即使使用软性相纸放制照片，并配合多曝光少显影等技法，获得的照片反差仍然偏高，此时可以用水洗的方法降低照片的反差，这种方法也叫“水浴法”。

“水浴法”是将放大曝光完成后的放大纸先均匀地放入清水中浸泡10秒钟左右，再进行正常的显影，在显影过程中还可以将照片取出再放入清水中浸泡、再显影，这样将照片进行多次水洗和反复显影可以明显降低照片的反差。放大纸的感光乳剂受到水的浸泡后，反差性能会降低；用水浸泡正在显影的照片时，会洗去照片上曝光多的部位的显影液，使显影受到明显的抑制，而对曝光少的部位显影抑制作用较小，水洗后仍有一定的作用，这样就使照片的明暗差距缩短，降低了反差。由于“水浴法”是抑制了正常显影，所以放大纸的感光度会受到一定影响，如果用这种方法降低照片反差，放大曝光时应适当增加一些曝光，以保证照片的正常明暗与影调。

七、增加灰雾控制反差

降低反差的方法还有一种叫“闪纸法”，这种方法是用增加灰雾的方法降低照相纸的反差，是对放大纸的乳剂面进行适量、均匀、短暂的曝光，使感光相纸的乳剂面

产生一层轻度的灰雾，从而使照片的反差性能平均得到降低。实际操作方法是：调整好放大机的光源和照射范围，底片夹上空着，使光线能均匀、全部照射到放大纸上，利用放大机的曝光定时器，对放大纸进行短暂的“闪纸曝光”，这样放大纸乳剂面上被平均增加了灰雾度。采用这种办法可以在底片曝光前先对放大纸进行曝光，也可以在底片曝光后抽掉底片对放大纸再进行曝光，但要注意“闪纸曝光”时只能“守欠勿过”。用底片正式放大时的曝光量要比正确的曝光量稍微欠一点，如果在正确曝光的基础上再进行“闪纸曝光”，则画面的总曝光量就会过度。

“闪纸法”是以牺牲照片中的亮部层次为代价的，这种方法放制的黑白照片中没有最白的高光点，照片画面就显得沉闷，影调缺乏生气，一般不宜采用。只有在放制密度反差极大的特殊底片时，为降低照片的反差不得已而采用的方法，它是一种消极的调节和控制反差的办法，如果其他方法能够解决反差问题，应尽量避免使用这种方法。

八、放大照片的尺寸对反差的影响

放大照片的尺寸对照片的反差有一定的影响，一般情况下，放大制作的黑白照片越大，反差越低，反之反差越高。因此，在放大制作大幅、巨幅黑白照片时，应特别注意其反差控制，应设法提高其反差。

第七节 黑白照片的局部影调控制

在拍摄和冲洗过程中，由于种种原因，如底片上某些区域的密度过厚或过薄，不做任何处理直接放制照片时，画面中的部分景物或某些部位的明暗表现不够完善，或偏亮，或偏暗，直接影响画面中主体以及画面整体效果的表现，为此在暗房放制照片时，必须动用各种技术手段，平衡画面中局部景物的影调，使画面获得整体完善的影调表现。

一、局部增减显影

局部增减显影是对显影过程中影像的局部增加或减少显影。

如果显影时发觉影像中有一个部位的影调偏淡，此时应使这个的显影过程加速，具体做法有两种：一种方法是另外准备一份温度高达 30℃的显影液，在显影过程中将相纸取出，用毛笔蘸上温度较高的显影液在需要降低影调亮度的部位反复涂抹，这种方法对画面中细节部位的影调控制较为有效。另一种方法是用电吹风热风对着相纸上影调偏亮的部位吹，这样可以提高该部位显影液的温度，防止照相纸被电吹风吹干了，吹一会儿后应将照相纸放入显影液中蘸一下，然后再吹，这样反复操作，直至效果理想为止。（图 F4-29）

如果试条显影时发觉影像中有某个部位的影调偏深，在正式放大照片的显影过程中，前面影调偏深的部位出影较快，在出影较快的部位显影显出影像时，将照相纸从显影液中取出，并用挤干的药棉将照相纸擦干，然后用停显液在出影较快的部位

图 F4–29 用电吹风加速照相纸的局部显影

涂抹，接着再将照相纸放入显影液中显影，可以反复上述操作，这样可以适当降低出影较快部位的亮度而使整个画面的影调平衡。

二、局部增减曝光

放大曝光时，曝光多的地方画面的影调就偏深，曝光少的地方画面影调偏浅，曝光过度画面偏深，曝光不足画面偏浅，如果我们人为地增加画面中某一部位的曝光，则该部位的影调就会比正常放大时深一些，如果我们人为地减少某一部位的曝光，则该部位的影调就会比正常放大时浅一些。放大曝光时，人为增加或减少画面中某一部位的曝光的方法是遮挡技术。放大曝光的遮挡控制，能平衡、统一画面的影调关系，能制造特别的影调效果，弥补拍摄时无法避免的缺陷。

1. 遮挡工具

常用的遮挡工具较为简单，通常是利用剪成各种形状的黑卡纸、细铁丝、大小不一的棉花球等自制的，特别是面积较小的照片细部的遮挡，需要将各种形状的黑卡纸或棉花球粘到细铁丝的一端(图 F4–30)。对于面积较大的画面局部的遮挡，用手做出各种形状来遮挡是最方便的，两只手的巧妙配合可以组成若干的遮挡形状。

2. 遮挡技巧

遮挡范围的确定和遮挡工具的选择是遮挡的基础，进行遮挡操作之前首先要确定遮挡范围，并根据需要遮挡部分的形状和大小，选择制作合适的遮挡工具。

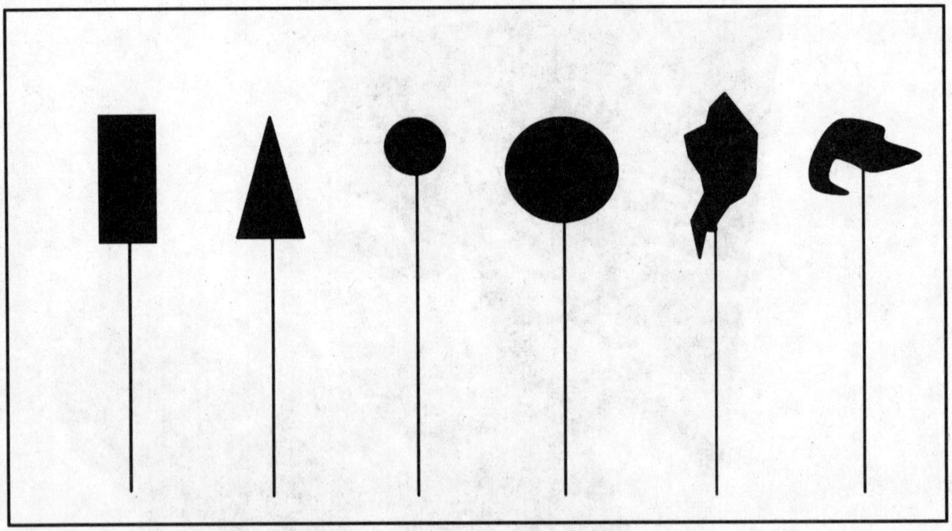

图 F4-30 各种形状的遮挡工具

合适的遮挡高度是遮挡的基本技巧，遮挡工具太低则投影过实，遮挡后画面影调的衔接就会生硬，出现明显的痕迹；遮挡工具太高则投影过散，遮挡后的画面就会遮而不严，超越预先确定的范围。(图 F4-31)

遮挡控制时还应注意遮挡过程中的移动，选择好高度后，必须在整个遮挡的过程中，上下、左右轻微地来回移动遮挡工具，才能使遮挡部位与未遮挡部位的影调关

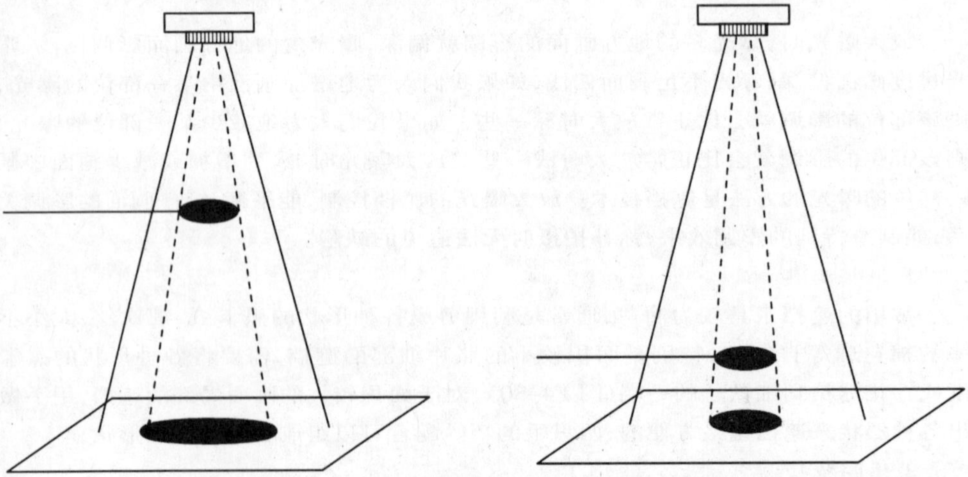

图 F4-31 左边的遮挡高度适中，右边的工具遮挡高度过低

图 F4–32 正常放大逆光人像照片

图 F4–33 对人物脸部遮挡放大的人像照片

系比较均匀地衔接起来，否则画面的影调衔接生硬，具有明显的遮挡痕迹。

遮挡时间的控制是平衡画面影调的关键，过多或过少的曝光遮挡反而会使画面影调紊乱，结果适得其反，使照片放大彻底失败。

3. 遮挡减少曝光的应用

在实际拍摄时由于现场条件的限制，以及画面表现效果的需要，底片上通常会有一些部位曝光显得不足，这样在放大制作照片时影调必然偏深，此时就必须对底片上曝光不足的部位进行减光遮挡。

如逆光拍摄的人像照片，人物的脸部通常会曝光略欠一些，影调就会偏深（图 F4–32），我们可以用黑卡纸剪出人物面部形态，并适当的将其修剪小一些，然后将该黑纸片粘在细铁丝上，放大曝光时，应先试样，试出脸部准确曝光和照片整体曝光的时间，如脸部曝光应为 10 秒，整体曝光为 15 秒，则正式放大曝光时，曝光 10 秒后用刚才制作好的遮挡工具在一定的高度将人物脸部遮挡住，遮挡的过程中要上下不停地小幅度移动，避免影调过度生硬和遮挡痕迹的出现，这样可以制作出影调平衡的照片。（图 F4–33）

图 F4-34 遮挡前的照片

图 F4-35 下部遮挡减光后放大的照片

如果照片中需要减光遮挡的面积较大，我们可以借助于手做出各种形状来进行遮挡。如图 F4-34，画面下部的影调偏深，放大曝光时，用手将下部的曝光遮挡掉整体曝光的 1/3，遮挡时注意手的高度，并不停地上下移动，可以获得过渡自然的、影调平衡的画面（图 F4-35）。

图 F4-36 正常放大制作的照片天空影调浅淡、层次损失

图 F4-37 放大曝光时，对天空部分进行遮挡加光，天空部分出现更多的层次与细节

4. 遮挡增加曝光的应用

由于拍摄条件的限制和照片艺术表现的需要，画面中有些部位的影调正常放大制作出来会显得偏淡，此时应对这些部位进行局部增加曝光处理。

黑白摄影中，由于胶片对蓝紫光更为敏感，通常天空的亮度偏亮，影调过于浅淡（图 F4–36）。我们可以对画面中天空部位进行遮挡增加曝光处理，实际操作时应先对画面曝光进行试验，试验出照片下部和上部获得理想影调亮度的时间，如下部曝光时间为 10 秒，上部曝光时间为 20 秒，则在正式曝光时，应先整体曝光 10 秒钟，然后将照片的下部用手在一定的高度遮挡住，并不停地上下小幅度移动，再曝光 10 秒，这样可以使天空和地面影调较为理想地配合起来，并使天空中出现更多的层次与细节，增强画面的艺术表现效果（图 F4–37）。遮挡增加或减少曝光还可以掩盖不必要的信息，可以将实际拍摄中不可避免的细节通过遮挡的方法，将杂乱的、分散读者注意力的、影响画面主体与主题表现的景物淡化为白色或淹没在黑色之中而掩盖掉，从而使画面简洁、主体突出，并营造特殊的画面表现效果。（图 F4–38、F4–39）

图 F4–38 正常放大制作的照片影调杂乱

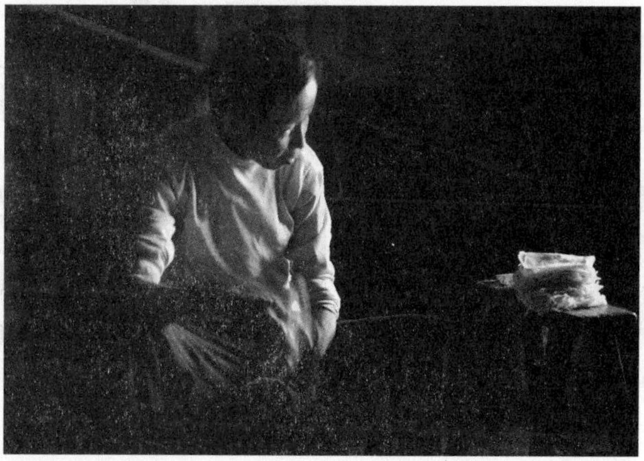

图 F4–39 遮挡放大制作的照片画面简洁、主体突出、影调优美

遮挡增加或减少曝光还可以调节画面反差，如果画面的反差过高或过低，遮挡技法也是调节反差的有效手段，对画面中的明亮部位增加曝光，对画面中深黑部位减少曝光，可以使画面的反差降低；反之，增加画面中暗部的曝光，减少画面中亮部的曝光，则画面反差会提高。

遮挡是改变空间深度和透视效果的有效手段，画面的空间深度和透视效果在照片中一般通过近深远淡来表现，近深远淡差别越大，则画面的空间深度感和透视效果越强烈。反之，远近深浅相差不大，则画面的空间深度感和透视效果较弱，遮挡的增加或减少曝光能方便地控制画面中远近景物的影调深浅。

第八节 黑白照片的暗房特技制作

暗房特技是黑白摄影创作的重要组成部分，暗房特技制作能将一张平淡无奇的黑白照片制作生机勃发、引人入胜，在传统黑白摄影创作中暗房特技制作是一道亮丽的风景。暗房特技制作的方法种类很多，有些暗房特技制作过程极为烦琐，而且需要具有高超的暗房制作技术，在数码技术高度发展的今天，几乎所有的暗房特技都能在计算机图像处理软件中轻松实现，了解传统的暗房特技制作，有助于我们预见各类特技制作效果，促进数码特技制作手段的运用。常见的黑白暗房特技有如下几种：

一、叠放特技

叠放就是将两张或两张以上的底片叠在一起放大制作照片，叠放特技一般用于夜景底片的叠合放大，以及一些蒙片的叠加放大制作。

如图 F4–40–A 与图 F4–40–B 叠在一起放大制作就会得到图 F4–41 的照片效果。

图 F4–40–A 素材（一）

图 F4–40–A 素材（二）

图 F4–41 叠放效果

二、套放特技

套放是将两张或两张以上的底片上的影像按照先后顺序放大制作到一张照相纸上的特技制作方法，该方法也叫集景放大特技，著名的摄影家郎静山先生就是以集景摄影驰名中外，《森林之鹿》就是由多张底片集景合成制作的（图 F4–42）。

图 F4–42 《森林之鹿》郎静山　摄

套放时一般要求影像主体的背景为白色，如果不是白色放大时必须进行细心的遮挡，或对底片进行涂红处理，将主体外的背景部分涂红；同时底片在照相纸上曝光时，是一部分一部分地曝光的，因此放大时照相纸上不需要曝光的部分应遮挡起来。

实际在进行套放制作时，必须预先构思构图，各部分的画面元素如何安排布局要预先画一个草图，操作过程要耐心细致，同时要做好失败的准备，套放特技一般需要经过多次试放，反复实践，才能得到完美的套放特技照片。

如图 F4–43–A 与图 F4–43–B 套放制作后就会得到图 F 4–43 的照片效果。

图 F4–43–A 素材（一）

图 F4–43–A 素材（二）

图 F4–43 套放效果

三、水墨效果

水墨效果的暗房特技就是将照片制作成中国水墨画效果，制作的方法是在放大制作时对照相纸进行两次曝光，第一次曝光时调焦清晰，第二次曝光时故意将影像调节的很模糊，这样虚和实的影像叠合在一起就形成了水墨画的效果（图 F4–44）。

图 F4–44 水墨效果

四、木刻效果

木刻效果是将原底片经过反复拷贝，不断提高其反差，损失其中间层次，最终只留下黑和白的两极色调，使画面像木刻转印的绘画作品一样（图 F4–45）。

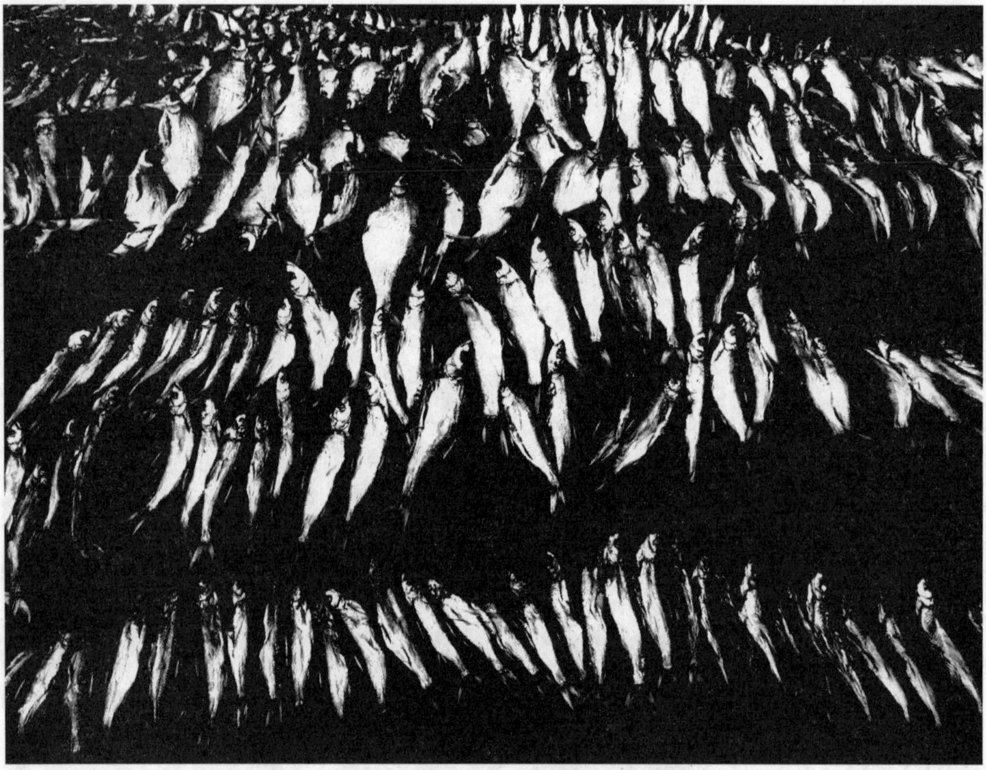

图 F4–45 木刻效果

五、色调分离

色调分离是将原底片经过反复拷贝，并选择合适的拷贝中间片叠合在一起放大制作照片，最终获得的照片只有黑、白和单一层次的中间灰调，这样就将照片层次丰富的影调分离为三种色调（图 F4–46）。

图 F4-46 色调分离

图 F4-47 浮雕效果

六、浮雕效果

浮雕效果是将原底片的正像拷贝片与原底片叠合在一起并略微错开一点，放大制作的照片就是浮雕效果(图 F4-47)。

七、中途曝光效果

中途曝光是在底片或照相纸显影的过程中进行短暂的整体曝光，并继续显影从而获得一种特殊的画面效果，在画面中明暗交界的地方会形成比较明显的透明线条。中途曝光效果是著名的抽象主义摄影派的倡导人曼瑞在一次操作失误过程中发现，其具体形成机理为：曝过光的卤化银在显影时被还原成为黑色金属银，而未被曝光的卤化银没有变化，当显影到一定的程度后，停止显影对底片进行均匀的曝光(即中途曝光)，此时底片上已还原为黑色金属银的部位没有变化，而未被曝光的卤化银可以接受较多光亮而曝光，继续显影后画面最暗部位的卤化银也还原为黑色金属银，整个底片画面比较灰暗，但是在画面上黑白交界处，因临界效应的作用，会留下清晰的透明线条，该线条在放大制作照片时能增加了画面的美感，同时该线条还可以通过拷贝的方法提炼出来，形成特别的线描效果照片（图 F4-48）。

图 F4-48 中途曝光效果

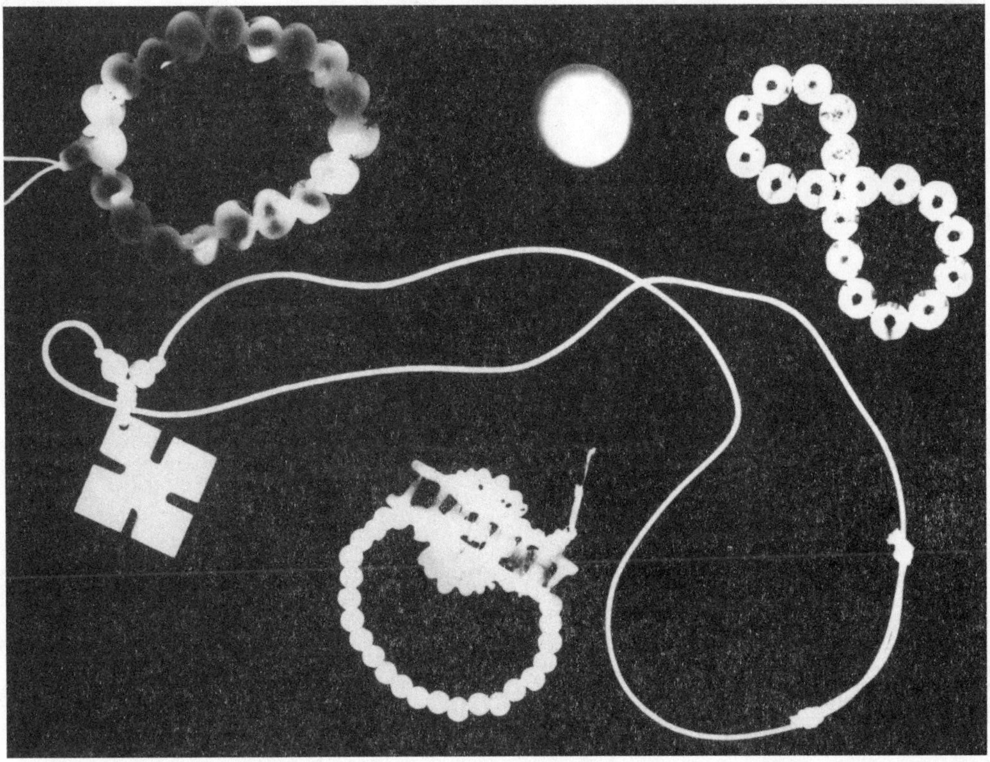

图 F4–49 无底制作

八、无底制作（物影照片）

这种暗房特技制作方法不需要底片直接使用照相纸制作出照片，选择形态各异的半透光物体，根据画面表现的需要，排布在照相纸上，然后打开电源开关使照相纸曝光，此时照相纸上的物体就会在照相纸上留下影像，形成别致的物影照片（图 F4–49）。

传统暗房特技制作的方法多如牛毛、不胜枚举，当今摄影技术全面数字化的进程中，我们已经无须黑暗潮湿的暗房，为一张特技效果照片的制作虚耗时日，我们完全可以用数字的方法实现所有的暗房特技制作，对于传统暗房特技无须进行深入的研究，只要稍作了解即可。